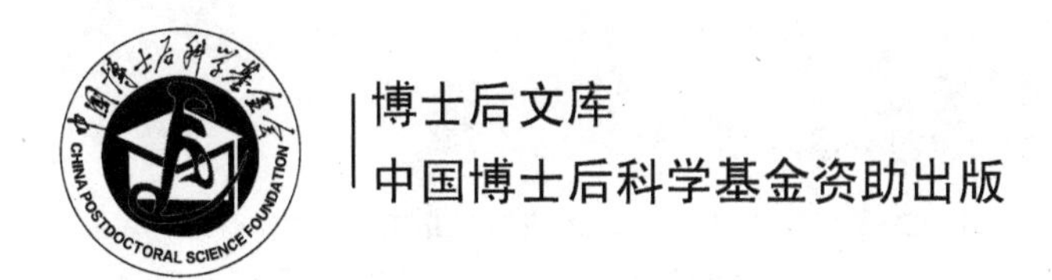

重庆市森林生态工程绩效评估研究

肖 强 著

科 学 出 版 社
北 京

内 容 简 介

森林生态系统是陆地生态系统中面积最大、组成结构最复杂、生物种类最丰富、适应性最强、稳定性最大、功能最完善的一种自然生态系统，是陆地生态系统的主体。从复合生态系统的角度来看，森林生态系统是支撑与维持地球的生命支持系统，维持生命物质的生物地化循环与水文循环、生物物种与遗传多样性，净化环境，维持大气化学的平衡与稳定。本研究在分析重庆市原有森林分布格局的基础上，评估已完成的森林工程的分布与结构变化及其生态效益；揭示森林生态系统的生态服务功能形成机制并明确重庆市森林生态保护目标，提出生态系统恢复和管理的调控策略。

本书适合生态学、环境科学、自然资源管理类专业的本科生、研究生、教师及科研人员和政府管理人员参考。

图书在版编目（CIP）数据

重庆市森林生态工程绩效评估研究/肖强著. —北京：科学出版社，2017.6
（博士后文库）
ISBN 978-7-03-052957-2

Ⅰ.①重… Ⅱ.①肖… Ⅲ. ①森林生态系统–森林工程–经济绩效–评估–研究–重庆 Ⅳ.①S718.55

中国版本图书馆 CIP 数据核字(2017)第 118080 号

责任编辑：韩学哲 郝晨扬 / 责任校对：郑金红
责任印制：张 伟 / 封面设计：刘新新

科学出版社 出版
北京东黄城根北街 16 号
邮政编码：100717
http://www.sciencep.com

北京东华虎彩印刷有限公司 印刷
科学出版社发行 各地新华书店经销
*
2017 年 6 月第 一 版 开本：B5 (720×1000)
2017 年 6 月第一次印刷 印张：9 3/4
字数：200 000

定价：98.00 元

(如有印装质量问题，我社负责调换)

《重庆市森林生态工程绩效评估研究》编写人员名单

肖 强 肖 洋 肖 娟 赵艳华

陈艳华 刘倩楠 高 虹

重庆文理学院学术专著出版资助项目

《博士后文库》序言

1985 年，在李政道先生的倡议和邓小平同志的亲自关怀下，我国建立了博士后制度，同时设立了博士后科学基金。30 多年来，在党和国家的高度重视下，在社会各方面的关心和支持下，博士后制度为我国培养了一大批青年高层次创新人才。在这一过程中，博士后科学基金发挥了不可替代的独特作用。

博士后科学基金是中国特色博士后制度的重要组成部分，专门用于资助博士后研究人员开展创新探索。博士后科学基金的资助，对正处于独立科研生涯起步阶段的博士后研究人员来说，适逢其时，有利于培养他们独立的科研人格、在选题方面的竞争意识以及负责的精神，是他们独立从事科研工作的“第一桶金”。尽管博士后科学基金资助金额不大，但对博士后青年创新人才的培养和激励作用不可估量。四两拨千斤，博士后科学基金有效地推动了博士后研究人员迅速成长为高水平的研究人才，“小基金发挥了大作用”。

在博士后科学基金的资助下，博士后研究人员的优秀学术成果不断涌现。2013 年，为提高博士后科学基金的资助效益，中国博士后科学基金会联合科学出版社开展了博士后优秀学术专著出版资助工作，通过专家评审遴选出优秀的博士后学术著作，收入《博士后文库》，由博士后科学基金资助、科学出版社出版。我们希望，借此打造专属于博士后学术创新的旗舰图书品牌，激励博士后研究人员潜心科研，扎实治学，提升博士后优秀学术成果的社会影响力。

2015 年，国务院办公厅印发了《关于改革完善博士后制度的意见》（国办发〔2015〕87 号），将“实施自然科学、人文社会科学优秀博士后论著出版支持计划”作为“十三五”期间博士后工作的重要内容和提升博士后研究人员培养质量的重要手段，这更加凸显了出版资助工作的意义。我相信，我们提供的这个出版资助平台将对博士后研究人员激发创新智慧、凝聚创新力量发挥独特的作用，促使博士后研究人员的创新成果更好地服务于创新驱动发展战略和创新型国家的建设。

祝愿广大博士后研究人员在博士后科学基金的资助下早日成长为栋梁之才，为实现中华民族伟大复兴的中国梦做出更大的贡献。

中国博士后科学基金会理事长

目　　录

1　生态系统服务研究进展及评价方法

长期以来，由于缺乏对生态系统服务的认识，在人口剧增和经济快速发展的大背景下，人们对自然生态系统进行了掠夺式的开采和开发。很多区域片面追求某一种服务功能而以牺牲其他多种生态服务功能为代价，造成全世界范围内自然生态系统提供的服务功能减少，提供服务功能的能力下降。《千年生态系统评估报告》中指出，全球评估的 24 项生态系统服务中，有 15 项正在退化，生态系统服务功能的退化和丧失将对人类福祉产生重要影响，威胁人类的健康与安全，直接威胁着区域乃至国家和全球的生态安全。生态系统服务研究已成为国际生态学和相关学科研究的前沿和热点[1]。2008 年环境保护部和中国科学院发布了《全国生态功能区划》，为全国生态系统分区管理提供了指导和借鉴。开展生态系统服务功能的系统研究，认识生态系统服务功能的形成、调控机制和尺度特征，全面理解生态系统服务功能的空间格局及其演变特征，对发展生态系统服务功能研究、保障区域生态安全具有重要意义[2]。

1.1　生态系统服务功能的特征

生态系统服务是指生态系统功能过程和结构过程中支持和满足人类生存与发展的部分，这些服务与人类的生存和发展息息相关。生态系统服务是一种资源，它与生态系统本身的发育、成长及健康紧密相连。如果人类正确地、适度地、合理地使用生态系统服务，则生态系统将能够得到平衡演替和持续发展并保持健康状态，生态系统将不断地为人类提供正常的服务，反之，如果生态系统得不到健康发展，其生态服务功能将受到影响，为人类提供的服务将减少甚至消失[3]。

同时，针对生态系统服务功能的概念也有不同的观点。Daily 等认为生态系统服务是指生态系统与生态过程所形成及所维持的人类赖以生存的自然环境条件与效用，它不仅为人类提供生存所必需的食物、医药及工农业生产原料，而且维持了人类赖以生存和发展的生命支持系统[4]。Costanza 等则将生态系统提供的商品和服务统称为生态系统服务功能。《千年生态系统评估报告》中将生态系统服务定义为人类从生态系统获取的利益，包括提供产品，如食物、纤维和木材等；调节功能，如洪水调蓄、土壤保持、环境净化和疾病控制；支持功能，如固碳、释氧和营养物质循环；文化服务功能，如休憩娱乐、文化遗产、宗教和其他非物质利益的活动[5]。生态系统服务功能实质上是指生态系统具有不以人的意志为转移的为人类提供资源和服务的一种本能，换句话说生态系统服务功能是生态系统自身运转和演替过程中所产生的对人类生存和发展有支持作用和效用的产品。但这种分类框架也存在一些问题：Boyd 和 Wallace 认为该分类系统不能很好地指导实际的工作或对景观进行管理，主要问题是把“终点”和“过程”混在一起[5]。Boyd 的解决办法是：为生态系统服务功能设计了一个可以数量化的系统框架，即在生态系统中能够直接被消费的生态组分，如湖泊、森林等[6]。Wallace 承认千年生态系统评估（MA）对生态系统服务功能的定义，但是他更关注于对景观的管理和在生态系统过程中如何传递生态系统服务功能，因此他们分别提出了自己的分类框架[7]。Fisher 认为在实践层面上述的分类框架仍然是有问题的。他指出研究人员研究的是生态系统服务功能如何向人类传递福利效益、这些效益在什么地方得到实现、通过什么实现，并且在不同的地方、不同的时间尺度下它们传递的价值将如何改变等[8]。尽管对生态系统服务功能分类的争论不断，但研究人员更倾向于 MA 的分类框架，正如 Costanza 所说，生态系统是一个复杂的、动态的，具有非线性的反馈，具有阈值和具有滞后效益的系统。研究人员在对具体研究系统进行分类和制订生态系统服务功能时，应该根据实际存在的差异[9]。

随着生态系统服务功能越来越成为学者研究的热点，国际上对生态系统服务内涵、类型划分和生态系统服务价值评估等方面都进行了大量研究。与此同时，人们也深刻意识到：人类活动在不断改变生态系统组成、结构和功能过程中，严重削弱了生态系统服务功能。在过去一个世纪，人类为了适应人口快速增长和经济迅速发展的需求，将自然生态系统转化为人为管理的生态系统，造成了生物多样性丧失，生态系统服务功能下降[10]。如何调整管理方式，保育和管理生态系统，改善生态系统的服务功能，进而保障区域生态安全，协调保护与发展之间的关系，是可持续发展的重要内容，然而在这方面生态学家和管理者感到举步维艰[11]。其原因主要在于目前人们对于大多数的生态系统服务功能机制还缺乏深入的了解，对其产生、迁移和实现的过程还比较模糊，提供给决策部门的信息要么太少，要么不完整。例如，在生态系统结构-过程与服务功能的定量关系中，对于如何确定生态系统管理的关键组分、如何确定管理的边界和范围、不同管理方式下生态系统服务功能的变化、生态系统服务功能与人类活动的关系等，生态学均难以提供明确的答案。因此，揭示生态系统结构-过程-服务功能的相互关系、明确生态系统服务功能形成机制，为生态系统服务功能的评估和生态系统管理提供科学基础，是当前生态系统服务功能研究的关键问题[12]。

生态系统为人类提供产品和生存环境两个方面的多种服务功能，生态系统服务功能是人类社会赖以生存和发展的基础。近年来，国内外学者围绕生态系统服务功能内涵、生态系统服务功能类型划分、生态系统服务功能经济价值评价方法、生态系统服务功能供给与需求区划、人类活动对生态系统服务功能的胁迫5个方面开展了大量研究[13]。与此同时，人们也深刻意识到：人类活动在不断改变生态系统组成、结构和功能的过程中，也严重削弱了生态系统服务功能。但是，研究人员对生态系统的大部分服务功能缺乏深入的生态学理解，致使能够为其决策提供依据的生态学信息非常少（如管理生态系统哪些关键组分、管理的边界和范围如何确定、采用哪种管理方式合适等），直接影响生态系统服务功能的保育和管理[14]。因此，探讨生态系统服务的生态学机制成为当前生态系统服务功能研究的热点和难点。当前生态系统服务生态学机制的研究热点主要从以下3个方面展开：生物多样性与生态系统服务功能的关系；生态系统服务功能的时空尺度特征；气候和土地利用变化对生态系统服务功能的影响机制[15]。

不同尺度生态系统服务功能的转换与关联，同一生态系统服务的不同提供者能够在一系列时空尺度范围内提供服务，并且与不同尺度上的同一生态系统服务相互关联。Peterson等提出执行同一功能但在不同时空尺度起作用的物种均为生态系统服务功能的恢复提供帮助[16]。另外，在不同的尺度上，生态系统体现出来的服务功能有所侧重。在局部尺度上，森林生态系统服务功能主要体现在木材生产方面；在区域尺度上，森林生态系统的服务功能则体现在涵养水源、调节气候、防洪减灾等方面。人们对某一尺度生态系统服务功能的过度强调，可能会导致其他尺度功能的退化或丧失，如对我国西部草原提供食物的功能过度重视，导致草原沙化，则会使草原固沙功能退化，甚至丧失[17]。因此，为了揭示不同尺度生态系统服务功能的复杂关系，一方面，需要通过尺度转换，全面认识生态系统服务功能在不同尺度间的关联关系；另一方面，需要通过尺度关联与区域平衡，在考虑主导服务功能的基础上，协调不同尺度上生态系统服务功能的保育，满足区域不同群体对不同生态系统服务功能的需求[18]。

此外，生态系统服务是具有明显尺度特征的，多尺度关联和尺度转化仍然是目前研究的重点和难点。生态系统服务功能取决于一定时间和空间上的生态系统结构和生态过程。有些生态系统服务是原生态式的服务，如提供产品、休憩娱乐、宗教信仰等；有些生态系统服务具有明显的流域尺度上的特征，如水量、水质、水土保持和调蓄洪水等；还有些生态系统服务具有更大尺度上的特征，如固碳、气候调节和环境净化等[19]。人类从生态系统获得利益的大小与生态系统的时空尺度有着密切的关系，因此，基于生态系统服务的生态系统管理需要重点考虑生态系统服务的尺度问题，全球性的评估不能满足国家和亚区域尺度决策者的需要；按照行政区域进行的评估不能满足流域发展的需要等，仅强调某一个特定生态系统或者特定国家的评估不能反映生态系统在更高尺度上的特征。每一个尺度上的评估都可以从目前更大或更小尺度上的评估中受益，所以，要确定自然生态系统是怎样提供生态服务的，必须有一种明确测度方法并了解相应尺度生态系统服务功能的动力学机制[20]。

1.2 生态系统服务功能的国内外研究进展

1.2.1 国外生态系统服务功能的研究进展

生态系统为人类提供了赖以生存和发展的多种产品和维持人类生命的支持系统，生态系统服务功能是人类社会赖以生存和发展的基础。当前人类面临的多种生态问题是由于生态系统服务功能遭到破坏与退化[21]。

20世纪70年代，人们逐渐开始对生态系统服务概念进行研究。到80年代，由于生态经济学的发展，人们开始对生态系统服务的经济价值进行评价，如生物多样性、土壤保持、环境净化等方面[22]。90年代，美国生态学会组织了以Daily教授为主要研究人员的研究小组，对生态系统服务进行了较为系统的研究，并出版了在这一领域具有重要启迪作用的研究进展论文集[23]。与此同时，Costanza等在*Nature*上发表《全球生态系统服务与自然资本的价值估算》一文，在学术界引起了极大的反响。Daily和Costanza等的研究极大地推动了生态系统服务功能经济价值的评价，使得这一领域逐渐成为科学家和学者关注的焦点[24]。2000年的世界环境日，联合国秘书长安南正式宣布了千年生态系统评估（MA）计划，这是人类首次全面而大规模地对全球生态系统的过去、现在及未来状况进行评估，并据此提出相应的管理对策。千年生态系统评估工作的核心就是生态系统服务功能评估和生态系统可持续管理，随着它的展开，在全世界范围内极大地推进了生态系统服务功能研究的开展。美国生态学会在2004年提出的“21世纪美国生态学会行动计划”中，将生态系统服务科学作为面对拥挤地球的首个生态学重点问题[25]。2006年英国生态学会组织科学家与政府决策者一起提出了100个与政策制定相关的生态学问题，其中第一个主题就是生态系统服务功能研究[26]。Costanza等首先对全球生态系统服务功能进行了价值分析评估，研究将生态系统服务功能划分为17种类型（表1-1），并将全球土地利用状况划分为17个大类进行评价，同时给出了不同生态系统类型，不同生态系统服务功能的单位面积价值系数。

表1-1 生态系统服务及功能指标

序号	生态系统服务	生态系统功能	举例
1	气体调节	大气化学成分调节	CO_2/O_2平衡、O_3防护和SO_x水平
2	气候调节	全球温度、降水及其他生物调节作用	温室气体调节及生物影响调节
3	干扰调节	对环境波动的生态系统容纳、延迟和整合能力	防止风暴、控制洪水、干旱恢复及其植被控制生境对环境变化的应变能力
4	水调节	调节水文循环过程	农业、工业或交通的水分供给
5	水供给	水分的保持与储存	集水区、水库和含水层的水分供给

续表

序号	生态系统服务	生态系统功能	举例
6	控制侵蚀和保持沉积物	生态系统内的土壤保持	风、径流和其他运移过程的土壤侵蚀，以及在湖泊、湿地的累积
7	土壤形成	成土过程	岩石风化和有机物质的积累
8	养分循环	养分获取、形成、内部循环	固 N 和 N、P、K 等元素的养分循环
9	废物处理	流失养分的恢复和过剩养分有毒物质的转移及分解	废弃物处理、污染控制和毒物降解
10	传粉	植物配子的移动	植物种群繁殖授粉者的提供
11	生物控制	对种群的营养级动态调节	关键种捕食者对猎物种类的控制、顶级捕食者对食草动物的削减
12	庇护	为定居和临时种群提供栖息地	栖息地、迁徙种的繁育越冬场所
13	食物生产	总初级生产力中可提取的食物	鱼、猎物、作物、果实的捕获与采集，提供给养的农业和渔业生产
14	原材料	总初级生产力中可提取的原材	木材、燃料和饲料的生产
15	遗传资源	特有的生物材料和产品来源料	药物、抵抗植物病原和作物害虫的基因、装饰物种（宠物和园艺品种）
16	休闲	提供休闲娱乐	旅游、体育、钓鱼等户外休闲娱乐
17	文化	提供非商业用途	美学、艺术、教育、精神或科学价值

Costanza 等的《全球生态系统服务与自然资本的价值估算》一文发表之后的近两年时间里，以 Costanza 和 Peace 为代表的双方学者，围绕该论文的有关内容特别是一些评价方法展开了激烈的争论[27]。争论的焦点主要集中在生态系统服务功能价值的计量方法、可计算性及计量中的技术处理问题等方面，这些分歧主要是由于生态价值的评估还没有真正与经济学方法接轨，以致还未被人们普遍接受[28]。

关于生态系统服务功能的研究，不仅在理论上有大的进展，研究者还进行了大量的应用案例研究。例如，围绕生态系统的管理和持续发展方面，Creedy 等为确定森林的最优轮伐期，以澳大利亚 Central Gippsland 地区的 Thomson 流域白蜡树森林生态系统为例，对木材生产、水调节和碳储存三种服务功能进行了研究，结果表明，水产出和碳储存服务功能决定该流域森林效益的最大化，木材生产效益处于次要地位，并认为其最优轮伐期应为 80 年以上[29]。Gammage 以萨尔瓦多一个滨海红树林生态系统为例，对生态系统可持续管理模式进行了研究，案例对三种不同管理模式下的成本-效益进行了情景分析[30]。

围绕自然生态系统功能和生物物种保护评价，Wilson 和 Carpenter 总结回顾了 1971～1997 年美国的淡水生态系统服务经济价值评估研究，其中河流生态系统的娱乐功能评估涉及较多（表 1-1）[31]。Lockwood 对单一物种运用条件价值法（CVM）和支付意愿（WTP）方法，对其综合生态价值进行了评价，Kontogianni 等运用备选开发方案的 WTP 方法评价了希腊 Lesvos 岛 Kalloni 海湾湿地的经济价值[32]。

在生态系统服务功能的理论研究方面，Farber 等对评价研究中的一些生态学和经济学概念进行了系统的分析和探讨，认为由于角度不一样，用经济学和生态学两种方法对价值的衡量结果往往不一致[33]。其原因可能是人类也只是生态系统中众多物种之一，他们赋予生态系统的价值与这些生态系统特征对于物种或者维持生态系统自身（健康）的价值两者之间可能存在着显著差异。再者由于生态系统服务市场存在的不明显性，因此要对生态系统服务功能进行评价就必须借助于其他一些间接方法，这些方法都有各自的优缺点，而一种方法可能只适合一种服务功能的评价，有的服务功能评价可能需要一些评价方法结合使用[34]。de Groot 等认为，一个公认的关于生态系统功能整体评价和价值评价的系统有利于量化生态系统功能，他们基于已有研究成果提出了一个生态系统功能整体评价和价值评价的生态功能分类体系[35]（表 1-2）。

表 1-2　生态功能分类体系

序号	功能	生态系统过程和组分	产品与服务（举例）
1	气体调节	生态系统在生物地化循环中的作用（如 CO_2 平衡、臭氧层等）	防紫外辐射（预防疾病）、维持好的空气质量、影响气候
2	气候调节	土地覆盖和生物调节过程[如硫酸二甲酯（DMS）保护]，影响气候	维持人类生产、生活等所需的适宜气候
3	干扰调节	通过影响生态系统结构降低环境干扰	降低风暴（如珊瑚礁）、防洪水（如湿地和森林）
4	水文调节	土地覆盖物调节地表径流	排水和自然入渗、输水
5	水供给	过滤、沉淀和储存淡水	饮用、灌溉及工业用水
6	土壤保持	植物根系和土壤生态系统持留土壤	耕地保护，防止土壤侵蚀及盐渍化
7	土壤形成	岩石风化作用，有机质累积	耕地生产力维持、自然土壤形成
8	营养物质循环	营养物质循环与储存（如 N、P）	土壤肥力和系统生产力
9	废弃物降解	植被或生物群分解单质营养元素及其化合物	污染/有毒有害物质控制、降解过滤颗粒物、噪声控制
10	授粉	植物区系中植物配子传播	野生植物传粉、作物传粉
11	生物控制	通过营养动态变化关系实现种群控制	病虫害防治、杂草减少
	生境提供	为野生动植物提供生境	生物和基因多样性维持（基础功能）
12	庇护	为野生动植物提供适宜的生存空间	商业收获物种的保持
13	保育	提供适宜的繁殖场所	狩猎、捕鱼、游乐、摘果实等
14	食物	将太阳能转化为可食用动植物	
15	原料	将太阳能转化为人类建筑和其他用途的生物质	建筑和制造（木材、皮毛）燃料及能源（薪柴、有机质）、饲料和肥料
16	基因资源	基因和野生动植物进化	提高作物对害虫的抵抗力

续表

序号	功能	生态系统过程和组分	产品与服务（举例）
17	药用资源	提供用于研制药品的（生物）化学物质	药剂和医用药品、实验和测试有机物
18	装饰资源	自然生态系统中具有（潜在）装饰用途的生物	羽毛、象牙、兰花、蝴蝶、观赏鱼、贝壳等
19	美学信息	有吸引力的自然景观特征	欣赏风景
20	娱乐	各种有（潜在）娱乐用途的景观	生态旅游、户外运动等
21	文化艺术信息	各种具有文化和艺术价值的自然特征	以自然为题材的书籍、电影、绘画、国家象征、建筑、广告等
22	精神和历史信息	各种具有精神和史学价值的自然特征	宗教和历史（遗产价值）
23	科学教育	各种具有科学和教育价值的自然特征	学校科普教育

Howarth 认为生态系统服务功能货币价值的评价，有利于协调人与自然生态系统之间的关系。从微观方面看，价值评价能够明确生态系统结构、功能及其在人类福利维持中的作用和关系，从而引导人类对自然生态系统进行合理利用和管护。从宏观方面看，现有的研究文献已经证明，价值评价有助于人类福利和可持续发展指标体系的构建，能够对环境政策的制定和评估起到积极的作用。Turner 等对生态系统服务功能的价值内涵进行了系统的分析，提出了目前生态系统服务功能价值评价中存在的一些问题和难点，并对未来的主要研究方向进行了探讨[36]。Limburg 等研究认为，确定生态系统功能的价值，既是因为其与人类的生存和持续发展息息相关，也是因为人类文明的进步和对自然认识的深入，生态服务功能是在不同尺度的生态系统过程和功能中产生的[37]。他们同时对不同尺度的陆地和水生态系统可能产生的不同类型的服务功能进行了研究，给出了价值评价尺度（表 1-3），并认为生态系统的关键结构、功能及其相互作用是生态系统服务功能价值评价过程中应该考虑的重点，而要弄清楚这些问题，必须通过模型和试验研究。

表 1-3 不同尺度陆地和水生态系统服务功能产生示例

时间或空间尺度	陆地生态系统	服务功能举例	服务功能评价尺度	水生态系统	服务功能举例	服务功能评价尺度
10^{-6}～10^{-5}	土壤微生物	营养物质矿化，反硝化作用收，有机物	区域/全球	细菌	营养物吸收，有机物生产	泖域
10^{-3}～10^{-1}	植物生理过程，土壤群落	光合作用，土壤物理作用	地域	浮游生物	能量和营养	泖域物质转移
100～10^{1}	植物体	树木、树叶、树液和果实生产	区域/全球	水流，沉淀物，小溪	提供生境	地域
10^{2}～10^{4}	林分/景观	小气候调节，水过滤净化	区域/全球	湖，河，海湾	鱼类和植物生产	区域/地域
≥10^{5}	区域/全球	热冰/气体交换	区域/全球	海盆，大河，大湖	营养物及 C 调节	全球

1.2.2 国内生态系统服务功能的研究进展

我国真正系统地开展生态系统服务功能价值评价的研究是20世纪90年代中期。欧阳志云和王如松、薛达元、谢高地等多位学者详细介绍了生态系统服务功能的定义、内涵和价值评估方法，系统地分析了生态系统服务功能的研究进展与发展趋势，探讨了生态系统服务及其与可持续发展研究的关系，并从物质量和价值量两方面对生态系统服务进行了大量的实例评价[38-40]。欧阳志云等于1999年对生态系统及其服务功能的概念、内涵及其价值评价方法进行了系统阐述，并分别对中国陆地生态系统和海南岛生态系统进行了生态系统服务功能价值的研究和评价工作[41]。薛达元采用条件价值法，以长白山为例对其生物多样性的存在价值进行了支付意愿调查，并引入环境价值核算方法，对该地区森林生态系统的间接经济价值进行了评估[42]。陈仲新等对生态系统服务功能进行了对比评价，他利用Costanza等的价值评价方法对中国生态系统服务功能的价值进行了评价，并与世界生态系统服务功能总价值进行对比分析[43]。肖寒等对生态系统服务功能评价的理论和方法进行了探讨，提出物质量评价和价值量评价两种方法的评价理论，并比较分析了两种方法的主要特征[44]。何池全等以吉林省湿地为例，对湿地生态系统服务功能的评价进行了案例研究，依据综合评价指数将吉林省典型湿地划分为三种不同生态现状类型，并对其有序开发与生态保护及可持续发展提出了对策[45]。

在对生态系统服务及其价值评估理论进行研究的同时，国内学者对于不同尺度下（如国家、省、市和县等）生态系统服务功能也进行了大量研究，同时也加强了对某一特定生态系统如森林、农田、草地等的研究，上述研究结果进一步丰富了国内服务功能领域的研究，为研究服务功能的形成和演变机制提供了大量基础数据[46]。同时，国内也开展了一些服务功能动态演变特征的研究，以及人类活动、自然条件等对服务功能影响机制的研究。此外，以生态系统服务功能理论为基础的生态功能区划研究，受到了环境保护部和国家发展和改革委员会的高度重视并被应用于国家生态环境保护决策中[47]。

1.3 生态系统服务评价的理论与方法

有关生态系统服务功能的评价方法和评价技术，也有许多学者和专家进行了一些探讨。Woodward对湿地生态系统服务功能多年来的价值评价案例及方法进行了系统总结，指出以往一些湿地案例中价值估算的影响因素及出现偏差的原因，并提出了一个评价非市场价值的工具——复合分析[48]。Pimental认为评价生物多样性给人类带来的利益有许多方法，如可以使用评价人类对维持生物多样性的支付意愿（WTP）法，结合生态系统的最佳估算，发现用WTP法得到的价值往往要高于生态系统估算值[49]。

Klauer 从物流和能流的角度提出了一套生态系统和经济系统类比估算价值的方法。Hannon 认为可以设计一个与经济账户体系充分一致的生态账户体系，并且通过“流”把两个系统联结在一起，当生态系统发展到能够用经济术语表述时，系统中的生态价格就可以估算并可以得到一个单一测度的生态经济输出[50]。Gram 研究了在森林产品被人类利用部分的经济价值评价过程中，所采用的不同方法的优缺点，并提出了另一种综合评价方法[51]。Villa 等研究了如何进行生态系统服务功能价值评价的信息交换问题，基于网络开发了生态系统服务功能数据库，该数据库中相关的数据与相应的动态模拟模型链接，通过网络可以利用公开软件进行模拟和价值评价，研究人员和决策者可以在该数据库中进行生态系统服务功能价值评价的系统分析、信息交流、知识传播及相互协作[52]。

1.3.1 生态系统服务价值及价值构成

1.3.1.1 价值的内涵

许多西方经济学家对价值理论进行了深入研究，并逐渐形成了各具特色的价值观念。西方经济学家认为价值可以分为主客观价值和非爱好价值两大类。主客观价值即客体相对于主体的价值，根据人们对价值客体的态度和客体价值的表达两个方面，又可分别称为认识价值和赋予价值，前者是人们对价值客体的认识，后者则是客体价值的外部量化表达；非爱好价值是事物具有的与人们的态度、爱好和行为无关的价值，更习惯被称为内在价值或内部价值。Hargrove 认为，关于自然价值的认识可概括为以人类为中心的价值和不以人类为中心的价值两大类，其中，以人类为中心的价值包括以人类为中心的有用性价值和以人类为中心的内在价值；不以人类为中心的价值则包括不以人类为中心的有用性价值和不以人类为中心的内在价值[53]。

自然生态服务具有何种价值是复杂的和多维的。自然是为人类提供物质、美学、内在或精神产品和服务的人类资产，这种产品和服务的提供是支持生命和改善生活质量的必要条件，当这些产品和服务的提供可以由其他一些方式替代时，则自然服务的丧失可以用其他量化方式来评价。当然某些情况下替代技术并不一定是可行的或被社会接受的，此外，人类认知的局限性也限制了价值评价。由于市场和货币经济广泛性，使用货币作为衡量自然生态服务效用的标尺，可以为资产和属性的不同使用方式建立一个明晰的关系，也更易被多数人所接受[54]。

由于生态系统的复杂性，还没有自身的经济价值系统，因而其价值与经济学价值之间还不能建立良好的联系，因此必须承认，经济学和生态学的价值衡量常常是不一致的。这可能是由于人类只是生态系统中众多物种之一，他们赋予生态系统功能、结构和过程的价值与这些生态系统特征对于物种或者维持生态系统自身（健康）来说可能存在着显著差异，造成生态服务价值衡量的困难性和不确定性，致使价值评价工作更加复杂和难以把握[55]。

1.3.1.2 价值构成

生态服务功能的价值构成源自对生物多样性的研究（图 1-1）。联合国环境规划署（UNEP）于 1993 年在 *Guidelines for Country Study on Biodiversity* 里，将生物多样性价值划分为有明显实物性的直接用途、无明显实物性的直接用途、间接用途、选择用途、存在价值等 5 个类型[56]。Pearce 研究认为，可以将生物多样性的价值分为使用价值和非使用价值，而使用价值又可分为直接、间接和选择三种价值，非使用价值则可分为保留价值和存在价值。国际经济合作与发展组织（OECD）于 1995 年在其出版的《环境项目和政策的评价指南》中，将 Pearce 价值分类系统的选择价值和保留价值、存在价值合并为一种[57]。此后，在《中国生物多样性国情研究报告》一书中，将生物多样性的价值构成划分为 4 个方面，即直接价值、间接价值、潜在使用价值和存在价值，而其中的潜在使用价值又包括潜在选择价值和潜在保留价值两个方面[58]。

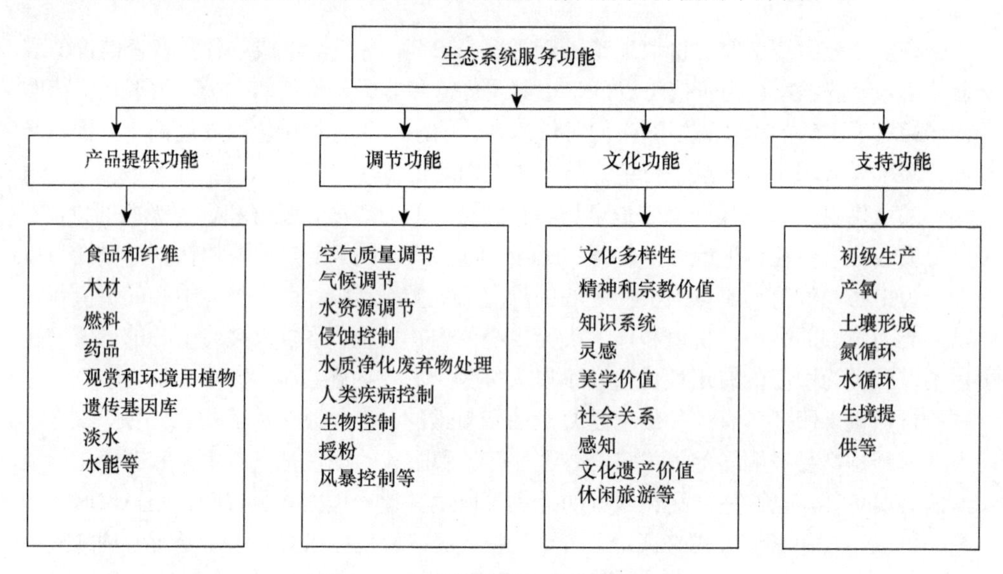

图 1-1 生态系统服务功能价值构成

直接价值是可直接计量的价值，是生态系统生产的生物资源的价值，如生态系统产品提供功能就是直接价值，这些产品可作为商品在市场上进行直接交易，变成货币，从而可直接计入财务账户中，还有部分产品未进入市场而是被直接消费了。当然直接价值除上述实物直接价值外，还有非实物直接价值，如生态旅游、动植物观赏、科学研究等。间接价值是指生态系统为人类提供的生命支持系统的价值，一般来讲，这种价值是体现在生命系统的维持和支撑功能上，如生物多样性维护、涵养水源、固碳释氧、营养循环、气候调节、吸菌杀毒、水土保持、净化环境、生物传粉等，而选择价值是指人类为了将来直接、间接、选择或潜在利用生态系统服务功能的一种支付意愿，这种支付愿望可以是自己将来受益，也可以是自己的子孙后代受益，还有可能是别人将来受益[59]。有的专家认为，选择价值是一种潜在价值，是一种在选择保护或开发之后的信息价值，它的价值难以计量，但并不代表该价值无关紧要，只是我们暂时还不知道、无法估算而已。

遗产价值是当代人为他们的后代将来能受益于某种自然物品和服务的存在的知识而自愿支付的费用，它反映了人类友好的生态或环境伦理价值观，即利他主义，或者说遗产价值是指当代人将某种自然物品或服务保留给子孙后代而自愿支付的费用或价格。存在价值与遗产价值有所不同，它是指人类为维持健康的生态系统服务功能而自愿支付的费用，它是生境、物种或者群落等本身具有的价值，是与人类对其存在的认识和关注程度相关的经济价值，而并没有直接与人类的开发利用相关联[60]。

关于生态系统服务价值的分类，还有部分生态学家将其划分为生态价值、经济价值和社会文化价值三大类，生态价值由生态系统的调节功能和生境提供功能所构成，并由生态系统参数如复杂性、多样性和稀缺性等决定；经济价值由直接市场价值、间接市场价值、意愿价值和群体价值四类组成；社会文化价值则主要由信息功能等决定[61]。

1.3.2　生态系统服务功能价值评价方法

生态系统服务功能价值评价方法主要包括价值量评价与物质量评价两种（表 1-4）。对生态系统服务进行经济评价，即价值量评价；对生态系统服务进行物质数量评价，即物质量评价[62]。

表 1-4　生态系统服务功能价值评估方法比较

分类	评估方法	优点	缺点
直接市场法	费用支出法	生态环境价值可以得到较为粗略的量化	费用统计不全面、不合理，不能真实反映游憩的实际价值
	市场价值法	评价比较客观，争议较少，可行度高	数据不全面
	机会成本法	客观体现生态价值，可行度高	资源具有稀缺性
	防护费用法	通过生态修复费用或防护费用量化	评估结果价值最低
	影子工程法	可以用于量化难以估算的生态价值	替代工程非唯一性、差异大
	人力资本法	可对难以量化的生态价值量化	违背伦理道德，理论上存在缺陷
替代市场法	旅行费用法	可用于评价无市场价格的生态价值	不能核算非使用价值，可信度稍低
	享乐价值法	通过侧面比较得出生态价值	主观性强，受其他因素影响较大
模拟市场法	条件价值法	适宜于非使用价值占较大比例的独特景观和文物古迹价值	评价结果偏差太大，结果多依赖于方法，可信度稍低

1.3.2.1 物质量评价

物质量评价是根据不同区域、不同生态系统的结构、功能和过程，从生态系统服务功能机制出发，利用适宜的定量方法确定产生的服务的物质数量，即从物质量的角度对生态系统提供的各项服务进行定量评价。这种方法的特点是其评价结果比较直观，且仅与生态系统自身健康状况和提供服务功能的能力有关，不受市场价格不统一和波动的影响。它能够比较客观地反映生态系统的生态过程和生态系统的可持续性。物质量评价特别适合于不同生态系统所提供的同一项服务功能能力的比较研究，以及同一生态系统不同时段提供服务功能能力的比较研究，是生态系统服务功能评价研究的重要方法之一，是价值量评价的基础[63]。

物质量评价常基于包括定位实验研究、遥感（RS）、地理信息系统（GIS）、调查统计在内的各类数据资料进行，其中，定位实验研究是主要的研究手段和技术参数来源，RS 和调查统计则是主要的数据来源，GIS 是物质量评价资料数据处理的技术平台[64]。

物质量评价方法也有局限和不足：一是需要耗费大量的人力、物力和资金。二是结果不直观，并且由于各单项生态系统服务功能量纲不同，无法进行加和，从而无法评价某一生态系统的综合服务功能。同时由于生态系统类型不同、服务功能不同，其物质量评价方法存在着极大的差异[65]。

1.3.2.2 价值量评价

与物质量评价方法不同，价值量评价是采用经济学方法对生态系统服务功能价值进行量化评价。

许多专家和学者对生态系统服务功能的价值量评价方法和评价技术进行了研究。现有的价值量评价方法可以归纳为市场价值法、替代市场价值法和假想市场法三大类，具体评价技术则包括市场价值法、机会成本法、影子价格法、替代工程法、费用分析法、因子收益法、人力资本法、享乐价值法、旅行费用法，条件价值法等。以上每种方法和技术都有各自的优缺点，而生态系统服务需要适合的评价方法，有些服务功能可能需要一些评价方法和技术结合使用进行评价[66]。

1）市场价值法

市场价值法通常称生产率法。此方法是将生态系统视为生产过程中的一个要素，则生态系统要素的变化将引起生产成本和生产效率的变化，进而对产出和价格产生影响，或者将导致产量或预期收益的损失。例如，农业生态系统中的大气污染将影响农作物的产量，进而影响农产品的价格等。因此，通过这种变化可以反过来得出生态系统的价值。这种方法适合于评价没有费用支出但有市场价格的生态系统产品和服务，如在当地直接消耗而没有进行市场交换的林产品、自然生长于森林中的各类野生动植物等，这些自然产品有自身的市场价格，但没有进行市场交换，它们的经济价值可以参照市场价格来确定[67]。

在开展市场价值法进行评价时，分为生产要素价格不变和生产要素价格变化两种情况，前者较适合这种评价方法，但在实际评价时，由于生态系统服务功能的类型多，且同一种服务功能有多种服务效果，给实际评价结果造成一定影响。

2）替代工程法

替代工程法是恢复费用法的一种特殊形式，又称影子工程法。它是在生态系统遭受破坏后，通过人工建造一个工程来代替原来的生态系统服务功能，用新工程的建设费用来估计环境污染或生态破坏所造成的经济损失的一种方法[68]。当遇到难以直接估算的生态系统服务功能价值时，借助于能够提供类似功能的替代工程或影子工程的费用，来替代其服务功能的价值。例如，森林涵养水源的服务功能很难直接进行价值量化，即可以用一个替代工程，如修建一座水库，其贮水量与森林涵养水源量相同，则此水库的修建费用就是该森林涵养水源生态服务功能的价值。又如，建造一个海湾公园来代替一个被污染了的旅游海湾，另找一个水源来代替附近被污染了的水源，这些新工程的投资费用就是原来因污染而损失的费用。再如，可以用能拦蓄同等数量泥沙的工程费用来代替该森林土壤保持功能的价值等[69]。

3）机会成本法

所谓机会成本，是作出某一决策而不作出另一种决策时所放弃的利益，常用来衡量作出某一决策的后果。自然资源具有多种用途，作出一种方案的选择就意味着放弃了使用其他方案的机会，也就失去了获得相应效益的机会，其他方案中的最大经济效益称为该资源选择方案的机会成本。例如，选择将一个湿地生态系统开发为农田，那么选择开发成农田的机会成本就是该湿地处于原有状态时所具有的全部效益之和[70]。

机会成本法是一种非常实用的技术，是费用-效益分析法的重要组成部分，常被用于某些社会净效益不能被直接估算的资源使用情况。这种方法简单易懂，可以为决策者和公众在作方案选择时，提供宝贵的有价值的信息。根据生态系统服务功能的部分价值难以直接评估的特点，可以利用此方法通过计算生态系统用于消费时的机会成本，来评估生态系统服务功能的价值，以便为决策者提供科学依据，使生态资源更加合理地得到保护和使用[71]。

4）影子价格法

商品的经济价值常用市场价格来表达，但有的商品没有市场交换和市场价格，如生态系统为人类提供的产品或服务属于“环境商品”或“公共商品”。为此，经济学家找到了一种替代市场价格的方法，即先寻找商品的替代市场，再以市场上与其相同的产品价格来估算该商品的价值，这种相同产品的价格被称为商品的“影子价格”。例如，在评价生态系统营养循环的经济价值时，先估算生态系统持留营养物质的量，再以各营养元素的市场价值作为“影子价格”，从而得出生态系统营养物质循环的总价值。又如，在评价森林产氧的经济价值时，先计算出森林每年产氧的总量，再以氧气的市场价格作为“影子价格”，从而得出森林提供氧气的经济价值[72]。

5）费用分析法

这里所说的费用，一般是指环境保护费用。生态系统的变化和环境的改变，最终会影响到费用的改变。例如，为了防止生态环境的进一步恶化，就会采取措施对其进行保护和修复工作。又如，为了躲避噪声的干扰，将窗户加上隔音器，或者举家迁往更安静的地区等。费用分析法通过计算这些费用的变化，间接推测生态环境的价值。根据实际费用情况的不同，可以将费用分析法分为防护费用法、恢复费用法两类[73]。

6）旅行费用法

旅行费用法是通过旅行费用，进而求出环境服务价值的方法，即它是通过住宿费、摄影费、门票费、餐饮费、购物费用、设施运作费、停车费、往返交通费、电话费、购买或租借设备费等旅行费用确定环境服务的消费者剩余，并以此来估算该项环境服务的价值。同一般的商品不同，环境服务没有明确的价格，消费者往往不需要花钱或者只支付少量的入场费就能得到环境服务消费，但环境服务的价值远不止入场费所能反映的部分。相关研究表明，人们在享受接近于免费供应的环境服务消费时也要付出代价，它主要体现在时间费用、往返交通费用、津贴和工资的扣除及其他相关费用等[74]。

7）条件价值法

通过对消费者直接调查，了解消费者的支付意愿，或者他们对商品或服务数量选择的愿望来评价生态服务功能的价值，称为条件价值法（CVM）或调查评价法。CVM是一种市场调查方法，比较适合于实际市场和替代市场缺乏交换的公共商品的价值评价，它从消费者的角度出发，假设一系列问题，通过问卷、调查、投标等方式来了解消费者的WTP或边际支付意愿（NWTP），在所有消费者的WTP或NWTP基础上，得到生态服务功能的价值。CVM 有其局限性，由于个人对环境服务的支付意愿是以假想数值为基础，故可能出现假想性误差；而策略偏差、手段偏差、信息偏差等可能引起结果偏差，这种偏差性误差也会影响评价结果[75]。

8）因子收益法

因子收益法是指以对经济收益的贡献作为价值的一种估算方法，如因为生态服务功能导致经济效益增加，这种增加的效益就可作为生态服务功能的价值。例如，林地截流使得农业增收，可作为森林生态系统服务功能的价值。又如，湖泊和河流水质净化对于渔业及垂钓娱乐业增加收益的贡献，就是湿地生态系统服务功能的价值等[76]。

2　森林生态系统服务研究

2.1　森林生态系统服务功能的特征

2.1.1　森林生态系统服务内涵

森林生态系统服务是指森林生态系统与生态过程所形成及维持人类赖以生存的自然环境条件与效用。森林生态系统不但为人类提供了各种生产、生活所必需的林产品及各种各样的生物资源，更重要的是其具有支撑与维持地球上生命系统的作用，在涵养水源、固碳释氧、净化环境、维持生物多样性等方面都发挥了巨大的作用。从复合生态系统的角度来看，它不仅为人类提供食品、医药和其他工农业原料，而且是支撑与维持地球的生命支持系统，维持生命物质的生物地化循环与水文循环，维持生物物种与遗传多样性，净化环境，维持大气化学的平衡与稳定[77]。

由于自然灾害和社会需求的发展，人类对森林生态系统的服务功能（生态功能、经济功能、社会功能）有了更深入的认识，从复合生态系统的角度，森林生态系统为人类提供木材及其所需要的纤维、蛋白质、淀粉、橡胶、燃料、维生素和药用有效成分等生物资源，更重要的是森林生态系统创造了适合人类及其他生物繁衍的条件，它具有涵养水源、改良土壤、防止水土流失、调节气候、减轻自然灾害、净化环境、孕育和保护生物多样性等功能；同时还具有医疗保健、陶冶情操、游憩等社会功能[78]。

森林生态系统是陆地生态系统中面积最大、组成结构最复杂、生物种类最丰富、适应性最强、稳定性最大、功能最完善的一种自然生态系统，是陆地生态系统的主体。在众多的自然资源中，森林资源是其中最主要的组成部分，它集生态效益、经济效益、社会效益于一身，既向人类社会提供种类繁多的物质产品，又向人类社会提供良好的环境服务，对改善和维护生态环境起着决定性的作用，同时还能提供人类生存所必需的重要资源，在实现经济社会可持续发展中具有不可替代的作用[79]。

2.1.2　森林生态系统服务功能的特点

2.1.2.1　森林生态系统服务功能的时空差异性

空间上，受气候、地形等自然条件差异的影响，生态系统的结构和功能都表现出一定的水平差异和垂直差异，产生不同的生态系统服务功能。例如，我国从北到南分布着寒温带针叶林、温带针叶与落叶阔叶混交林、暖温带落叶阔叶林、亚热带常绿阔叶林、热带季雨林和雨林；长白山随着海拔的增加形成温带、寒温带和高山寒带三大垂直气候带，依次分布着阔叶林带、温带低山湿润针叶（红松）阔叶混交林带、山地暗针叶林景观带、亚高山岳桦林带和高山苔原带网格垂直森林带。不同的森林生态系统具有不同的物种组成和空间结构，在森林碳氮循环、水源涵养、气候调节等方面的生态系统服务功能差异巨大。

时间上，森林生态系统在不同尺度上有多种多样的物种组成和结构，伴随生态系统中物种生活史的变化，森林生态系统服务功能也表现出一定差异。例如，生态系统演替后期具有较高的稳定性,能够抵御更强的外界干扰,从而保障了可持续发挥生态系统服务功能。幼龄林生产力高于成熟林，具有更高的固碳释氧能力[80]。

2.1.2.2 生态系统服务功能的整体性

森林生态系统服务功能的产生是生态系统各组成要素相互联系、相互影响的结果，在特定环境下各种生态要素组合在一起所产生的生态系统服务功能远远大于各生态要素单独产生的生态系统服务功能的加和[81]。因此，对于森林生态系统服务功能的评价和保育不能忽视森林生态系统要素及森林生态系统之间的相互联系，要保护森林生态系统的整体性以保障生态系统服务功能的持续发挥。

2.1.2.3 森林生态系统服务功能的多样性

同一生态系统在同一时间可能具有多种生态系统服务功能，过分强调某一功能会削弱或损害生态系统的其他服务功能，并可能导致一系列环境问题。森林生态系统具有提供林木产品、林副产品、气候调节、光合固碳、涵养水源、土壤保持、净化环境、养分循环、防风固沙、文化多样性、休闲旅游、释放氧气、维持生物多样性等多种生态系统服务功能，但森林的林产品提供服务往往与其他服务功能是矛盾的[82]。产品提供要求对森林采伐而其他生态服务功能则要求对森林进行保育，因此，人类在利用生态系统服务功能时需要全面评价其生态系统服务功能，根据其对人类服务的功能大小在各种生态系统服务功能之间作出权衡。对于具有复合生态系统服务功能的生态系统的管理在维持并增加主导生态系统服务功能的同时，应尽量提高其他生态系统服务功能的作用，以最大地发挥综合生态系统服务功能[83]。

2.1.2.4 森林生态系统服务功能的尺度特征

森林生态系统具有尺度性，人类利用其产生的生态系统服务也具有尺度性。生态系统的服务功能依赖于不同空间和时间尺度上的生态与地理系统过程，包括在生境水平上的个体植物的竞争，到中间尺度上的过程如火灾、病虫害暴发，以及在更大的空间和时间尺度上的气候和地貌过程。森林生态系统服务功能也表现出不同的时空尺度，从局域尺度上物质生产和物种循环，到区域水循环控制，直至全球气候调节[84]。深入理解生态系统服务功能的多尺度特征对于生态系统服务功能的评价和土地规划管理具有重要意义。在局域尺度上，森林生态系统服务功能主要体现在木材生产方面；在区域尺度上，森林生态系统的服务功能则体现在涵养水源、调节气候、防洪减灾等方面[85]。

2.2 森林生态系统服务功能评估的国内外研究进展

森林生态系统是陆地生态系统的主体，对维护生态平衡起着决定性的作用，森林对人们的生活与生存产生直接或间接影响的是森林的生态系统服务功能。1978 年，日本林业厅利用数量化理论多变量解析方法对全国 7 种类型的森林生态效益进行了经济价值的评估，其价值为 910 亿美元，相当于 1972 年日本全国的经济预算[28]。1983 年，中国林学会开展了森林综合效益的研究。1984 年吉林环保所等单位仿照日本的方法计算了长白山森林 7 项生态价值中的 4 项，其结果是当年所产 450 万 m^3 木材价值的 13.7 倍[86]。侯元兆等第一次全面地对中国森林资源涵养水源、防风固沙、净化空气的价值进行了评估，拉开了我国生态系统服务功能评估的帷幕[87]。

20 世纪 90 年代初期，国外的森林生态系统服务功能研究主要以案例研究为主，方法主要为旅行价值法和意愿调查法。Constanza 等综合国际上已经出版的用各种不同方法对生态系统服务价值进行评估的研究结果，在世界上最先开展了对全球生物圈生态系统服务价值的估算，他们估计全球生态系统的服务每年总价值在 16 万亿～54 万亿美元，平均为 33 万亿美元，该数字是目前全球国内生产总值（GDP）的 1.8 倍，其中，海洋生态系统服务的价值约占 63%，陆地生态系统服务的价值约占 38%，其中森林生态系统所提供的服务功能价值就占到了目前全球国民生产总值（GNP）的 26.1%[88]。欧阳志云等系统阐述了生态系统的概念、内涵及其价值评估方法，并以海南岛生态系统为例，深入开展了森林生态系统服务功能价值评估研究工作，之后又对中国陆地生态系统服务功能的价值进行了初步估算[89]。赵景柱等对生态系统服务的物质量评估和价值量评估方法进行比较，分析了这两类评估方法的优缺点，提出了采用物质量和价值量两种不同的方法对同一个生态系统进行服务评估，往往会得出不同甚至相反的结论[90]。傅伯杰等认为尽管目前很多学者对不同的生态系统服务功能进行了经济价值评估，但缺乏对生态系统的产品、服务、健康与管理之间关系的进一步探讨，导致难以指导生态系统评估行动及生态系统管理[91]。

郭中伟等在大量实地观测的基础上，对神农架地区兴山县的森林生态系统服务功能进行了系统评估[92]。吴钢等采用物质量和价值量相结合的评估方法，对长白山北坡森林生态系统生态旅游、森林林副产品、木材、涵养水源、水土保持等服务价值及其总体服务功能进行了评估及动态分析[93]。黄平等利用 1999 年广东省森林资源档案数据及 1998 年遥感数据，对广东省森林生态系统的林副产品及木材产品的价值和生态旅游、涵养水源、水土保持、净化空气等 5 个方面的服务功能总价值进行评估[94]。关文彬等选择亚热带自然垂直生态系统最典型、保存最完好的贡嘎山地区，应用市场价值法、影子价格法、机会成本法等方法，评估了贡嘎山地区涵养水源、保护土壤、固定 CO_2、净化空气等森林生态系统服务功能的生态经济价值[95]。饶良懿等采用机会成本法、市场价格替代法等手段对典型亚热带常绿阔叶林生态系统重庆四面山地区的涵养水源、保持土壤、净化空气、休闲游憩等生态系统服务功能价值进行估算[96]。

一些学者还进行了单一功能的价值评估研究。陈建成对森林游憩价值核算的几种方法进行了评述并提出了部分改进意见。姜文来对森林涵养水源的价值核算理论与方法进行了研究，重点介绍了森林蓄水和调节径流量的价值核算方法，并给出了涵养水源功能价值核算的一个模糊数学模型[97]。刘璨对森林固碳释氧功能的价值核算研究进展进行了评述，并以山东临沂费县祊河林场为例进行了案例研究[98]。黄艺对森林净化大气有毒气体的效益估算方法进行了研究，提出了一个净化空气价值评估的指标体系，并以尖峰岭地区为例进行了森林净化 SO_2 价值估算的案例研究[99]。陈勇等提出了一个森林社会效益价值评估的指标体系，并以尖峰岭地区及其周边地区森林为例进行了社会效益价值估算的案例研究[100]。姜东涛对森林制氧固碳功能与效益计算进行了深入探讨。鲍文等针对森林生态系统对降水的分配与拦截效应开展了评估研究[101]。石福孙对帽儿山潜在沟系及土壤侵蚀状况进行了相关效益研究。杨吉华针对山丘地区森林保持水土效益进行了研究[102]。鲁绍伟等对中国森林生态系统保护土壤的功能进行了价值评估研究。鲁春霞等对河流生态系统的休闲娱乐功能及其价值进行了评估研究[103]。

2.3 森林生态系统服务功能分析

在各类资源中，森林是人类发展不可缺少的自然资源，森林生态系统对人类的影响最为直接，是陆地生态系统的主体，离开森林生态系统，人类的生存和发展就会失去支撑和依托。森林生态系统具有水土保持、气候调节、土壤改良、水源涵养、滞尘杀菌、防风固沙等多种功能，是基因库、碳贮库、蓄水库、资源库和能源库，对维持生态平衡、改善与人类息息相关的生态环境起着举足轻重和不可替代的作用[104]。

2.3.1 提供产品

森林生态系统具有较高的生物生产能力，为人类的生产和生活提供大量的物质材料，既是建材等工业原料基地，又是人类食物和薪材的提供场所，这里选择林副产品和林木产品两类作为本研究的产品功能[105]。

林副产品主要是指药物、食物、原料等，如生产食用油料的油茶、核桃、油桐、乌桕等，以及其他药材和林特产品；枣、柿、板栗、柑橘、龙眼、椰子、苹果、芒果、猕猴桃，以及荔枝等各类水果；生漆、松脂、棕片、紫胶、橡胶等工业原料[106]。

2.3.2 调节功能

森林在生物和非生物之间起着能量和物质交换的桥梁作用，对维护生态系统的整体功能及其可持续发展起着中枢和协调作用，是调节生物圈、大气圈、水圈、岩石圈动态平衡的杠杆。MA 关于调节功能的定义：森林生态系统的调节功能对改善生态环境、维持生态平衡起着决定性的作用，它主要包括调节气候、保持水土、涵养水源、防风固沙、改良土壤、减少污染等[107]。

2.3.2.1 气候调节

研究表明，森林生态系统对周围降水、湿度、风力、温度都有着明显的调节作用，如森林强大的蒸散能力能够使周围湿度大大增加，还能够在一定程度上增加水平降水，森林树冠层能够遮挡太阳辐射，并在地表和大气之间形成一个绿色的调温器，构成林内小气候，并影响周围的温度[108]。

2.3.2.2 碳固定

森林是 CO_2 的主要消耗者，它主要以 CO_2 为原料进行光合作用，固定和储藏碳，同时释放出氧气，即绿色植物和海藻通过光合作用吸收水分，固定大气中的 CO_2，释放 O_2，将生成的有机物质储存在自身组织中的过程[109]。

2.3.2.3 涵养水源

森林林冠、根系和枯枝落叶起着涵养水源的作用，无林地就不会有这种蓄水效果，降水会很快从地表经江河流走，而在有森林的情况下，森林通过其林冠层、林下灌草层、枯枝落叶层、林地土壤层等拦截、吸收、蓄积降水，涵养了大量水源，并将大部分降水变为有效水在原有地区循环，从而对降水进行充分的蓄积和重新分配[110]。森林的径流调节和水源涵养能力，可以推迟洪峰的到来时间，削减洪峰流量，推迟枯水期的到来时间，增加枯水期流量，从而提高水资源的有效利用率。

森林土壤能够涵养水源是因为其土壤的孔隙结构往往优于其他土地，如在温带和寒温带地区，森林土壤与草地土壤的孔隙结构就有明显的差异，而在热带亚热带差别更大，如常绿落叶阔叶混交林的非毛管孔隙度、毛管孔隙度和总孔隙度分别比草坡地高出 3.7 倍、1.7 倍和 2.0 倍。蓄水量以热带亚热带地区的阔叶林较高，其非毛管孔隙蓄水量均在 100 mm 以上，而寒温带、温带及亚热带山地针叶林下的土壤非毛管孔隙蓄水量较小，在 100 mm 以下，说明热带亚热带阔叶林生态系统的土壤孔隙比较发育，林地土壤蓄水能力较强[110]。

2.3.2.4 土壤保持

森林生态系统依靠植被的枝叶、树干、根系和林下死地被物及活地被物发挥着土壤保持的作用，主要表现在林冠对降水的截留，从而减弱降水强度和延长其降落时间；植被的干和根系对土壤具有固持作用。林分的生物小循环增强抗水蚀、风蚀能力且改良土壤理化性质；延缓融雪和减弱土壤冻结深度以增加地下水贮量；枯枝落叶层具有减流和抑制地表径流的作用[111]。通过对降水溅蚀土壤的研究，表明森林生态系统的效果相当明显，主要是多层次植被枝叶对地表的遮蔽和对降水动能的消减，以及枯枝落叶层对雨滴击溅土壤的保护，从而有效防止面蚀、沟蚀的形成和发展，防止滑坡及泥石流的危害[112]。

2.3.2.5 净化环境

森林生态系统具有较强的净化环境功能，主要是通过对病菌的杀灭、污染物质的吸收、粉尘的阻滞和噪声的降低等功能得以体现。据研究，森林具有净化放射性物质和降低光化学烟雾污染的作用。森林通过阻挡、过滤和吸附等发挥滞尘的作用，如树叶表面粗糙、多绒毛，分泌油脂和黏性物质，能吸附、黏着部分尘粒；树木能够降低风速，可以使大颗粒灰尘因风速减弱而沉降于地面[113]。森林生态系统对于环境的净化能力是一种持久的、潜在的功能，不仅在森林内部且对其周围环境也发挥着作用，如人员活动密的城镇和交通要道，各类林块或林带能有效杀灭病菌、降低噪声。特别值得指出的是，目前我国某些地区酸雨和粉尘污染较为严重，森林净化功能的发挥具有特别积极的意义[113]。

2.3.2.6 营养物质循环

与其他生态系统一样，森林生态系统中的生物与非生物环境之间的物质和能量交换，是在森林生态系统运转过程中进行的。微生物对死的有机体或复杂的化合物进行分解，吸收一些分解产物并释放能为绿色植物所利用的无机营养物质，而作为初级生产者的绿色植物所必需的营养物质，是从无机环境中获得的。研究表明，生态系统是在生物库、凋落物库和土壤库之间进行营养物质循环的，而参与生态系统维持养分循环的物质种类很多，其中的大量元素有全氮、有机质、有效钾、有效磷等[24]。在营养物质循环中，生物与土壤之间的养分交换是最主要的过程，同时也是植物进行初级生产的基础，对维持生态系统的功能和过程十分重要[114]。

2.3.2.7 防风固沙

森林能够减慢风沙的速度或者阻挡风沙通过，各类防护林更是对防风固沙具有显著的效果，主要依靠繁茂的枝叶和高大的树干，起到降低风速、减弱风能和绿色屏障的作用，从而改善自然环境。研究表明，沿海防护林在阻挡台风长驱直入、减轻风害损失、降低海潮流速、减轻破坏力、固堤护岸等方面发挥了相当显著的作用。一般来说，防护林主要具有风速减弱功能或称防风功能[115]。

2.3.3 文化功能

森林生态系统的文化功能指的是一种非物质利益，并不像产品服务功能那么直接可见，它是指人们通过知识获取、精神感受、消遣娱乐、主观印象和美学体验从森林生态系统中获得的各种服务和享受。由此可见，它是以森林生态系统为基础且是非物质的服务功能，人们得到的主要是一种精神服务，包括精神和宗教、教育、传说、灵感、民族文化多样性、美学及文化遗产，以及由森林生态系统独特的自然景观、地区民族特色、人文特色和地缘优势构成的得天独厚的森林生态旅游资源等。由于文化功能的多样性和组成的复杂性，其中许多功能的评价和估算还存在一定困难[116]。

2.3.4 支持功能

生态系统服务功能中的产品功能、调节功能和文化功能，对人类的服务影响是相对直接的和短期的，而支持功能对人类的影响是间接的或者通过较长时间才能发生的，并能为其他所有生态系统服务功能提供所必需的基础功能，如太阳能固定、初级生产、氮循环、水循环、生境提供等。

2.4 生态工程开发活动对生态系统的影响

退耕还林工程是我国六大林业生态工程建设中最大、涉及面最广、群众参与度最高、投入资金最多的建设项目。退耕还林工程在改善工程区生态环境、经济发展方面已初见成效，退耕还林显著改变了生态系统碳储量及其空间分配格局，改善了土壤微形态，抑制了水土流失，缓和了生态脆弱度状况，促进生态环境质量向良好方向发展[117]。退耕还林促进了农村产业结构调整，提高了农民的经济效益，使其有了较高的生态环境保护意识。

退耕还林工程实施以来，土地利用/覆盖发生了较大的转变，而土地利用/覆盖变化（LUCC）能改变生态系统的结构、过程和功能，进而影响生态系统服务[118]，Costanza

等对全球生态系统服务价值的估算引发了生态系统服务价值研究的热潮，目前已有很多学者对土地利用/覆盖变化引起的生态系统服务价值变化进行了定量研究，退耕还林作为土地利用/覆盖变化的一个政策驱动因子，加强退耕还林工程对生态系统服务价值的影响研究，对评估由退耕还林工程引起的生态环境变化具有重要的指导意义，同时将为巩固退耕还林工程成果和生态环境保护提供科学依据。

3 研究区概况与研究方法概述

3.1 自然环境概况

重庆市位于青藏高原与长江中下游平原的过渡地带，地处东经 105°17′～110°11′，北纬 28°11′～32°13′，东西长 470 km，南北宽 450 km，面积为 82 269 km^2，东邻湖北省、湖南省，南靠贵州省，西连四川省泸州市、内江市、遂宁市，北接四川省广安地区、达川地区和陕西省。重庆市因多山多雾、夏季炎热，素有山城、雾都、火炉的称号。重庆市是中国四大直辖市之一和五大中心城市之一，也是长江上游地区经济中心、国家重要的现代制造业基地、西南地区综合交通枢纽。2011 年国务院批复的《成渝经济区区域规划》把重庆定位为国际大都市。

重庆地处大巴山褶皱带、川东褶皱带和川湘黔隆起褶皱带三大构造单元的交汇处，地形地貌较为复杂，地形大致由南北向长江河谷倾斜，起伏较大（图 3-1）。东北部、东部、南部为大巴山山地、巫山山地、武陵山地、大娄山余脉构成的盆周中低山区，中北部为平行岭谷区，西部为川中丘陵区，区域内地貌明显受地质构造控制，背斜成山，向斜成谷，山脉走向大致与构造线一致。全市地形起伏较大，西部海拔一般为 500～900 m，东部海拔一般为 1000～2900 m。在各类地貌中，中低山占 57.12%，丘陵占 38.37%，平坝占 4.51%。

重庆属亚热带季风性湿润气候，具有夏热冬暖、无霜期长、雨量充沛、温润多阴、雨热同季等特点，年平均气温 16～18℃，最冷月平均气温 4～8℃，最热月平均气温 26～29℃，无霜期 340～350 天，年日照总时数 1000～1400 h，降水量 1000～1350 mm，降水分配不均，降雨主要集中于夏季，占全年降水总量的 40%以上，降水空间分布呈现东部多于中部、西部。

由于地质地貌构成和生物、气候因素的综合作用，形成的土类、土属、土种较多。重庆市辖区内土壤类型多样，包括水稻土、新积土、紫色土、黄壤、黄棕壤、石灰（岩）土、红壤、山地草甸土等 8 个土类 16 个亚类。黄壤是重庆市第一大类土壤，也是本市地带性土壤，分布面积占重庆市总土地面积的 24.2%；紫色土是本市第二大类土壤，是主要耕作土壤，面积占总土地面积的 20.8%；水稻土面积占全市耕地面积的 42.8%，占总土地面积的 13.3%；石灰（岩）土包括黄色石灰土和黑色石灰土两个亚类，分布面积占总土地面积的 9%。

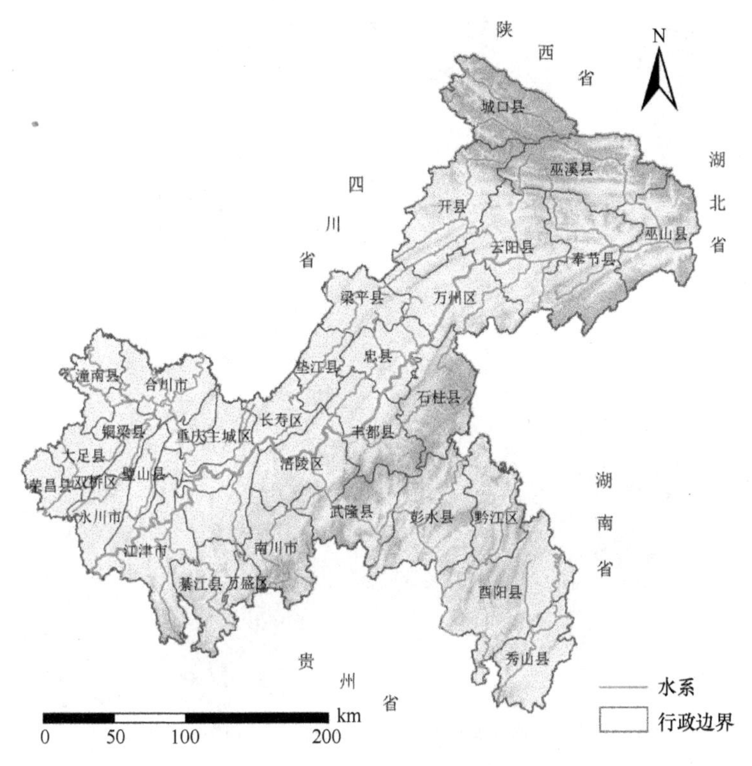

图 3-1　重庆市地理位置示意图

重庆是全国 4 个直辖市中矿产资源最丰富的地区。市域内矿种多，储量大，分布广，发展前景广阔，是重庆最有优势的资源之一。目前已发现矿产 75 种，已探明储量的矿产 39 种，主要有煤、天然气、银矿、岩盐、铝土矿、大理石、铁矿、铅绊矿、石膏矿、石灰石、重晶石、盐矿等。现已探明矿藏产地 370 处，其中固体矿藏产地 292 处，气田 36 处。煤、天然气、锰矿、铝土矿、锶矿和建材用非金属矿是重庆的优势矿产。

重庆地域内复杂多变的地形地貌、充沛的雨热条件等，孕育了丰富的生物多样性。作为第四纪冰川时期的优良避难所，重庆市保持了众多濒危与特有物种，尤其是渝东北和渝东南地区，是《中国生物多样性保护战略与行动计划》中大巴山区与武陵山区这两个优先保护地区的重要组成部分。

重庆市生态系统类型多样，包括森林、灌丛、草丛、草甸、湿地等（图 3-2）；生物区系复杂，物种众多，全市范围内共有野生维管植物 5890 种，隶属于 227 科、1302 属，且其中有 665 种植物都是在重庆范围内采集的模式标本。全市共有蕨类植物 631 种，隶属于 47 科、123 属；裸子植物 42 种，隶属于 7 科、25 属；被子植物 5217 种，隶属于 173 科、1154 属。全市共有野生脊椎动物 865 种，其中鱼类 172 种、两栖动物

54 种、爬行动物 61 种、鸟类 432 种、兽类 146 种。

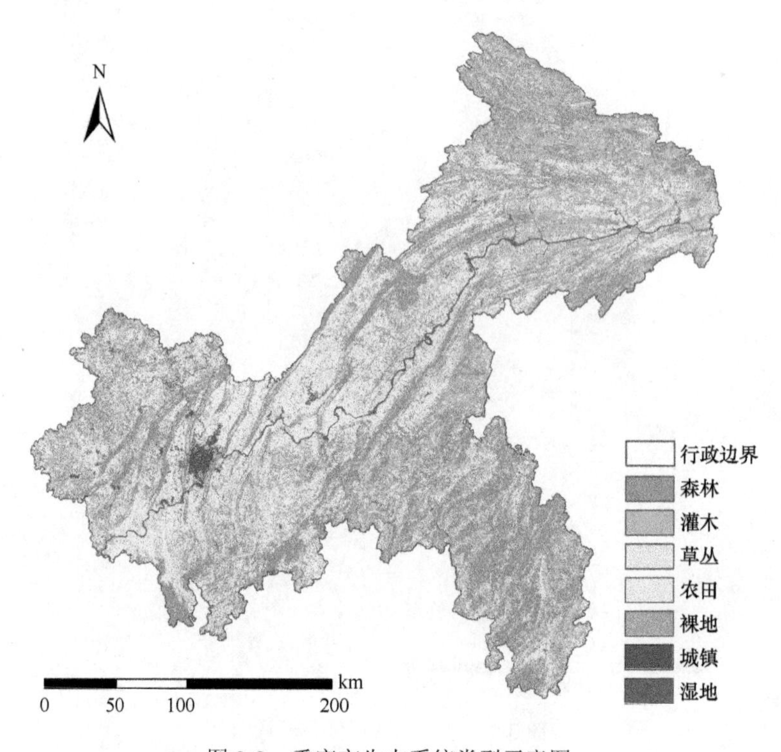

图 3-2　重庆市生态系统类型示意图

3.2 植　　被

植物群落与生态环境是一个综合体。植物群落一方面主动参与创造群落的生态环境，另一方面也受外界生态环境的制约。在不同生态环境条件的长期影响下，产生不同的植物群落，表现出不同的植被类型。重庆生态系统类型按群系划分约有 177 种，分别属于 6 个植被型组（针叶林、阔叶林、竹林、灌丛、草甸、沼泽）。城口县、开县、南川区、巫山县、巫溪县、奉节县、丰都县、江津区、武隆县、石柱土家族自治县（石柱县）的生态系统类型均超过 124 种，其中城口县的生态系统类型最多，为 159 种。重庆森林生态系统主要分布在渝东北大巴山区、渝东南武陵山区、金佛山区、四面山区，以及渝中平行岭谷的纵向山脊。其中天然林可分为常绿针叶林、针阔混交林、落叶阔叶林和常绿阔叶林四大类。在大巴山、武陵山、金佛山、四面山等山地，森林垂直带谱明显，从山麓地带的常绿阔叶林，向山体上部依次分布有常绿落叶阔叶混交林、落叶阔叶林、针阔混交林、针叶林；小生境、生态要素及其组合十分复杂；由于长年阴湿，落叶阔叶林不呈带状分布。

3.2.1 阔叶林

阔叶林是分布于温带、亚热带和热带湿润地区的植物群落。重庆市具有代表性的典型森林植被是常绿阔叶林。根据阔叶林群落的植物种类组成、群落结构、生态外貌及地理分布等特点，可将重庆市阔叶林划分为如下植被类型：亚热带常绿阔叶林、亚热带山地常绿与落叶阔叶混交林、亚热带落叶阔叶林。

3.2.1.1 亚热带常绿阔叶林

亚热带常绿阔叶林是重庆市具有代表性的地带性植被类型。这一类型要求温暖湿润、无霜期长的生态环境。亚热带常绿阔叶林在重庆市广泛分布。

亚热带常绿阔叶林目前仅在受人类活动影响较轻的边缘山地地区尚保存有较好的天然林；在人口比较集中和交通比较方便的地区，则只有在寺庙周围或风景区有少数残迹，且面积既小，又受人为影响，多已成为半天然林，带有一定的次生性质，如北碚缙云山、南川金佛山等地的常绿阔叶林。亚热带常绿阔叶林主要由壳斗科、樟科、山茶科、木兰科、金缕梅科等常绿阔叶树种组成。群落外貌终年常绿，一般呈暗绿色而稍微闪烁反光。林冠整齐，呈微波起伏，上层树冠浑圆。

3.2.1.2 亚热带山地常绿与落叶阔叶混交林

亚热带山地常绿与落叶阔叶混交林是重庆市山地植被垂直带谱中的一种植被类型，它介于亚热带常绿阔叶林带与亚高山常绿针叶林带之间，分布于市境东北、东南边缘中山地带，而以大巴山区最为典型，从南到北，其分布高度逐渐降低。

由于有落叶阔叶树存在，常绿与落叶阔叶混交林的群落外貌具有显著的季相变化，春季呈嫩绿色，夏季呈淡、浓绿色镶嵌，入秋则呈黄、红、褐色斑块，到了隆冬则多为落叶。群落结构通常可分为乔木、灌木和草本三层。

3.2.1.3 亚热带落叶阔叶林

在亚热带地区，落叶阔叶林是一种非地带性的、不稳定的森林类型，主要分布在山地常绿阔叶林的上部，成为亚热带山地植被垂直带上的一个类型。在常绿阔叶林和山地针叶林地带中，当森林遭到破坏后，在森林迹地上出现过渡性的次生落叶阔叶林，这种次生群落为原有森林的恢复创造有利条件。

落叶阔叶林分布地区的自然条件与前述亚热带常绿与落叶阔叶混交林的生境相似，仅局部小环境的光照条件变得更为充足，土壤也变得更为干燥，而这些变化更有利于落叶阔叶林的生长。因此，重庆市落叶阔叶林在山地垂直分布上不成带，而呈斑块状出现。由于落叶阔叶树存在，群落具有显著的季相变化。

在落叶阔叶林中，还有不少亚热带常绿阔叶树种和针叶树种混生其间。林内藤本植物也相当丰富。

3.2.2 针叶林

针叶林是以针叶树为建群种所组成的各类森林群落的总称，包括各种针叶纯林、针叶树种混交林及以针叶树种为主的针阔叶混交林。

针叶林是重庆市分布最广的一种植被类型，水平分布遍及市境，垂直分布从海拔200 m的长江河谷到2700 m的中山都有针叶林。由于各种针叶林群落的针叶林类型对水热条件要求极不相同，市境的针叶林分为寒温性、温性和暖性针叶林类型。

3.2.2.1 寒温性针叶林

寒温性针叶林主要由杉属、圆柏属、落叶松属等 30 余种针叶树种组成，其中绝大多数为建群种，并以单科或多种在自然情况下组合为纯林或混交林，构成多种多样的植被类型。

寒温性针叶林分布于海拔 2000 m 以上的大巴山和重庆市其他边缘山地，由多种冷杉、云杉和圆柏所组成，耐寒冷，喜阴湿，枝冠稠密，生境阴凉、湿润，云雾缭绕。群落外貌呈深绿色，林冠整齐，郁闭度 0.6～0.9，林内通透度低，故又常称为暗针叶林。寒温性针叶林中又以云杉林和冷杉林具有最典型的外貌和最广阔的分布区，是最具代表性的植被类型。

重庆市的冷杉、云杉林属于低纬度、高海拔所形成的类型，也是亚热带山地植被垂直带谱中的组成部分。它与高纬度低海拔的冷杉、云杉林相比，虽在层片结构的组成上有类似之处，如灌木层都有忍冬属（*Ionicera*）、花楸属（*Sorbus*）植物，草本层都有酢浆草属（*Oxalis*）等植物，但在各项热量指标上有较大的差异。

3.2.2.2 温性针叶林

温性针叶林是指分布在市境中山的针叶林，在山地植被垂直带谱中，其上限多为冷杉、云杉林，下限多为常绿阔叶林或常绿阔叶与落叶阔叶混交林，海拔在1500 m 以上。温性针叶林的许多建群种具有较强的适应性，分布范围比较广，面积也比较大。

温性针叶林的分布区气候温凉，年平均气温多在 8～10℃，≥10℃积温为 3200～4500℃，1 月均温为 0～10℃。土壤多为酸性、中性的山地红壤、黄壤与山地黄棕壤、山地棕壤。生境条件比寒温性针叶林好，但不及暖性针叶林。主要树种有油松、华山松、巴山松等。华山松分布范围广而零散，多小块状，少有大面积森林，人工林占有相当大比例，主要分布在仙女山、白马山、大板营等地。油松主要分布在大巴山等地，面积狭窄。巴山松仅分布在大巴山及巫溪、巫山等地，由东向西呈狭长地带状，多见于海拔1000～1900 m处。

3.2.2.3　暖性针叶林

暖性针叶林主要分布在低山、丘陵和平原（平坝）地区。暖性针叶林的生境特点是喜温暖湿润，分布区年均气温为14～22℃，年降水量多在1000 mm以上，地带性植被应为常绿阔叶林。但在现状植被中，针叶林面积之大、分布之广，已经超过常绿阔叶林。它的多数树种较相同立地条件生长的阔叶树具有更强的适应性，可在干燥瘠薄的土壤上蔚然成林，成为荒山的先锋树种，许多针叶树已发展为纯林。

主要树种有马尾松、杉、铁坚油杉等，属稀有种或特有种的有水杉等。

暖性针叶林分布区的气候、地貌条件均较优越，人口比较稠密，人类活动影响大，原始群落已很少见，多属于常绿阔叶林遭破坏后繁殖所出现的次生植被，但已成为重庆市现状植被中的优势类型。

据观测研究，一个森林遭受严重破坏的荒山草坡，如采取封山育林措施，其森林植被演替的规律是：荒山→马尾松林→马尾松林、杉林、针叶阔叶混交林→常绿阔叶林。这一进程大约需要100年。由此可见，亚热带地区生态系统处于相对稳定平衡的顶极植被群落是常绿阔叶林。针叶阔叶混交林在这个演替中也是一个接近顶极群落的较为稳定的生态系统。因此，在植被造林过程中，要防止过去以毁常绿阔叶林为代价，种植大片纯针叶林的情况继续发展下去。马尾松、杉等纯针叶林，一般残落物少而分解慢，树木组分中养分释放不多且化学元素单一，消耗地力，水土保持能力较低。所以，连续地、大片种植纯针叶林，必将使土壤向瘠、酸、板结方向发展。同时，纯针叶林树种单一，赖以生存的动物也势必纯一化。结果，森林生态系统食物链趋向简单化，害虫的天敌减少，使病虫害蔓延，如马尾松的松毛虫、杉的毒蛾等，常构成突发性、毁灭性灾害。而针阔叶混交林则比较好。因为针叶、阔叶树混交，既可以比较充分地利用空间的光能，又能充分地利用土壤中的养分，枯枝落叶丰富，生态系统中的食物链比较复杂，有利于改善土壤结构和控制病虫害。所以，今后植树造林，一般应以混交林为宜。当然在总体布局上可以采用小片纯林、大片混交林的形式。

3.3　社会经济概况

目前，重庆市共辖38个区县，2011年末，全市户籍人口为3262.04万人，常住人口为2842万人，常住人口城镇化率为50.42%。人口主要以汉族为主体，此外有土家族、苗族等49个少数民族。少数民族人口总数为175万人，主要分布在黔江区的5个民族自治县和涪陵区。全市社会固定资产投资达到4247.26亿元，非国有投资、地方投资保持旺盛势头。社会消费品零售总额达到2168.07亿元。产业结构进一步优化，三次产业比例为 114∶46.7∶39。重庆工业轻重并举，门类齐全，制造业发达，如摩托车、汽车、仪器仪表、精细化工、大型变压器，轻工业如中成药，是全国重要的生产基地。

3.4 主要生态环境问题和生态工程建设概况

重庆具有大城市、大农村、大库区的特殊市情，随着城乡统筹力度的不断加大，城镇化率逐年提高，城镇人口数量激增，带来了环境污染加剧、热岛效应增强等一系列生态环境问题。重庆城市社会经济发展和城市建设所面临的主要生态环境问题包括水资源短缺与水环境污染、城市容积率过高、大气颗粒物污染、城市热岛效应加强、水土流失，以及农村生态环境恶化等，这些生态环境问题目前已成为重庆城市发展的重要障碍。

重庆市山区山高坡陡，大于25°坡面面积占山区的46%，沟壑密度为2.8 km/km^2；由于多年的建设开发，重庆部分地区的原生植被已遭到严重破坏，重庆市水土流失比较严重。2011 年调查表明，全市水土流失总面积为 40 000 km^2，约占全市土地总面积的 48.55%，其中轻度侵蚀 24 000 km^2，中度侵蚀 13 000 km^2，重度侵蚀 3000 km^2。主要集中于渝东北、渝东南和渝南地区。截至 2011 年年底，全市累计有 600 km^2 以上水土流失面积得到不同程度的治理。

近年来重庆山区坚持以小流域为单元，综合治理已见成效，累计减少水土流失面积 4000 km^2 以上，现有水土流失程度有所降低，以轻度水土流失为主，强度以上水土流失面积经治理得到有效控制。但在部分地区尤其是城市建设、旅游区及采矿区，土地利用开发和基本建设活动较集中和频繁，水土流失时常发生甚至有加重的趋势。

重庆作为西南发生石漠化的 8 个省市之一，强度虽不及贵州、广西，但有其自己的特点。据调查，重庆市石漠化总面积为 92.6 万 hm^2，石漠化比例为 7.1%，主要分布在渝东南和渝南各区县，由于干旱缺水造成土地生产率低，经济落后，加之不合理的人类活动又加剧了水土流失和石漠化，形成了恶性循环，使重庆生态环境日益恶化。

重庆市自 2000 年实施退耕还林工程以来，截至 2008 年，累计完成国家下达重庆市退耕还林任务 1702 万亩①，其中退耕地还林 661 万亩，荒山荒地造林 846 万亩，封山育林 100 万亩，地质灾害整理地造林 95 万亩，任务完成率达 100%。工程涉及 39 个区县、884 个乡镇、269 万农户、915 万人。工程已累计投入 113.7 亿元，其中国家财政 106.1 亿元、地方财政 7.6 亿元。重庆市退耕还林工程基本实现了生态建设

① 1 亩≈666.7 m^2

优先、农民收入提高和社会经济发展的目标，是一项利及农民、荫及农业、惠及农村的“三农”生态建设工程、增收基础工程，对构建三峡库区绿色生态屏障、加快农村产业结构调整、促进农民增收致富、推动社会经济可持续发展起到了十分重要的作用。

重庆市从1998年开始试点，2000年正式实施天然林保护工程，全市每年管护森林资源3582万亩。至2011年，通过实施天然林保护工程一期，重庆市生态环境得到明显改善。森林面积由2699万亩增加到4575万亩，增长了69%，森林覆盖率净增16个百分点，提高到37%。同时，全市水土流失面积减少到34 590 km^2，减少20%，土壤平均侵蚀模数下降到2836 t/km^2，下降了24%，主要河流泥沙含量下降到5.7 kg/m^3，下降了11%，一度绝迹的云豹、穿山甲、红腹锦鸡等珍稀濒危野生动物种群数量呈上升趋势，替代了林木采伐的森林旅游、苗木花卉、竹木加工等林业产业快速壮大，全市林业总产值达到了265亿元，是天然林保护工程一期实施前的近20倍。

3.5 研究目的和方法

3.5.1 研究目的

在分析重庆市原有森林分布格局的基础上，评估已完成的森林工程的分布、林分组成与结构的变化及其生态效益问题，为促进森林工程的顺利实施、实现预期的生态目标提供依据。基于以上研究目的，本研究主要研究内容如下。

（1）参照国内外关于森林生态系统服务功能评估指标体系的研究，结合重庆市森林生态系统特点，研究提出并构建适合重庆市森林生态系统的评估指标体系和评估方法。

（2）重庆市生态系统演变特征及其森林工程分布格局，通过地面实地调查与遥感解译相结合的方法，比较森林工程（前期）实施前后，森林生态系统分布格局与面积的变化情况，并分析重庆市生态系统演变特征及其驱动因子。

（3）森林工程生态效益评估，采用生态服务功能价值化的方法，评估已经实施的森林工程在不同阶段所产生的生态效益，评估内容包括产品提供、支持功能、调节功能和文化功能4个方面。

（4）森林工程生态效益预测及调控方案，根据前面评估的研究结果，结合森林演替的一般规律，预测2017年森林工程全面实施完成后，以及2050年两个阶段森林工程在水源涵养、土壤保持、碳固定及气候调节方面的生态效益。

广泛收集评价所需的各种数据，主要包括：①地面调查数据，主要包括遥感解译所需的地物点、质量评估所需的样方数据，以及气象监测、大气与水质监测等数据；②遥感分类与反演参量，主要是解译得到的生态系统类型、植被覆盖度等遥感参量数据；③基础地理与社会经济数据，主要是地形、土壤、植被等基础地理空间数据，以及评估所需的经济、人口等数据。以上述数据为基础，提取所需的指标与参量，从重庆市生态效益方面对森林工程进行评估，最后，在上述评估的基础上，提出优化森林工程实施的对策与建议。

3.5.2 重庆市森林工程生态效益评估

3.5.2.1 评价指标体系

MA 工作组提出的生态系统服务功能分类方法将森林生态系统服务功能归纳为提供产品功能、调节功能、文化功能和支持功能四大类，包括的指标主要有固碳、调节大气、土壤保持、涵养水源、休闲旅游和提供生境等[119-120]。本研究根据重庆地区的环境特性及生态安全，选取了几个主要的生态系统服务功能指标，研究区生态系统服务功能评价的指标体系见表 3-1，并采用市场价值法、影子价格法、机会成本法等不同方法对其进行价值评估[121-122]。通过生态系统服务功能的计算来评估森林工程的生态效益。按照重庆市森林生态服务功能类型划分，建立重庆市森林生态服务功能价值评价指标体系，包括提供产品功能、支持功能、调节功能、文化服务功能四大类共 8 种类型，具体评价功能如下[123-124]。

表 3-1 重庆市生态系统服务功能评价指标体系描述

指标内容	指标描述	评价方法
土壤保持	减少表土损失、防止淤泥淤积、减少泥沙沉积、土壤肥力保持	通用土壤侵蚀方程 USLE
径流调节	调节水文循环过程、调节径流量	经验公式
固碳	调节大气成分、固定 CO_2、减少温室气体排放	经验公式
水质净化	水质环境净化、减少环境污染、污染物质的转移和分解	InVEST 模型
水源涵养	水分保持与存储、为周边环境提供水分	InVEST 模型
生境质量	为定居种群提供栖息地、有利于保留和维护物种多样性	InVEST 模型

1）产品提供

森林生态系统服务功能的直接经济价值主要是林产品、林副产品，包括木材、药材、水（干）果、笋竹、花椒、肉类与桑蚕等方面的产品。采用市场价值法，用如下公式进行评价[125-126]：

$$V_p = \sum S_j V_j P_j \tag{3-1}$$

式中，V_p 为森林生态系统提供的产品总价值；S_j 为第 j 种森林类型或果品的分布面积；V_j 为第 j 种森林类型单位面积净生长量或产量；P_j 为第 j 种森林类型木材或果品的市场价格；j 表示不同的森林类型。

2）碳固定

基于森林生态系统生物量估算碳库，进而评价生态系统碳固定功能[127-128]。

$$V_q = \sum_{j=1}^{m} \mathrm{NPP}_j \times 1.62 \times P_C \tag{3-2}$$

式中，V_q 是碳固定的价值量；NPP_j 为第 j 类森林类型的净初级生产力；P_C 为市场固定 CO_2 的价格，m 为计算数量。

3）水源涵养

采用 InVEST 产水量模型，通过径流调节量的大小进行评估。InVEST 产水量模型是基于 Budyko 曲线和年均降水量的数学模型。其中，水径流量等于降水量（雨/雪/雾）减去蒸发量。公式如下：

$$Y_{xj} = \left(1 \times \frac{\mathrm{AET}_{xj}}{P_x}\right) P_x \tag{3-3}$$

式中，AET_{xj} 是 j 类土地利用类型中像元 x 的年实际蒸散量；P_x 为像元 x 的年降水量。

AET_{xj}/P_x 是 Budyko 曲线的一个近似值，公式如下：

$$\frac{\mathrm{AET}_{xj}}{P_x} = \frac{1+\omega_x R_{xj}}{1+\omega_x R_{xj} + \dfrac{1}{R_{xj}}} \tag{3-4}$$

式中，R_{xj} 是 j 类土地利用类型中像元 x 无量纲 Budyko 干燥系数，作为潜在蒸散量与降水量的比值；ω_x 为改进的植被易蓄水量与预测降水量的比值，无量纲。ω_x 为描述年度气候与土壤属性的非物理性参数。

$$\omega_x = Z \frac{\mathrm{AWC}_x}{P_x} \tag{3-5}$$

式中，AWC_x 是植物可用含水量，由土壤质地、有效土壤深度和植被根深来确定。Z 是 Zhang 常数，表示季节性降雨分布和雨量，冬季降雨区域 Z 取值 10，夏季 Z 取值 1。

Budyko 干燥系数 R_{xj} 数值大于潜在干旱的指示像元，公式如下：

$$R_{xj} = \frac{K_{xj}\mathrm{ET}_{ox}}{P_x} \tag{3-6}$$

式中，ET_{ox} 是像元 x 的参考蒸散量；K_{xj} 为与土地利用类型 j 相关的像元 x 的植被蒸散量。

通过 InVEST 产水量模型，估算不同植被覆盖程度的流域年度产水量（径流量）及其空间分布特征。涵养水源功能（调节径流）为潜在径流量与实际径流量之差（图 3-3）。

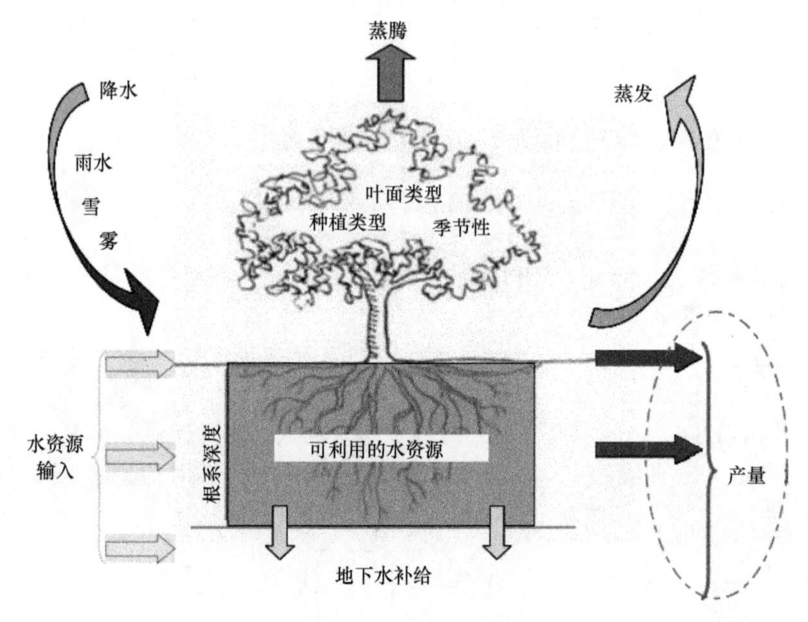

图 3-3　产水量模型示意图

4）土壤保持

采用通用水土流失方程进行评价。

$$A = RK\mathrm{LS}CP \tag{3-7}$$

式中，A 为年土壤流失量；R 为降雨侵蚀因子；K 为土壤可蚀性因子；LS 为坡长坡度因子；C 为植被覆盖因子；P 为水土保持措施因子[128]。

基于“地表覆被替换假设”研究模式，即运用修正的通用土壤侵蚀方程（USLE）来估算潜在土壤侵蚀量和现实土壤侵蚀量，两者之差为生态系统土壤保持量。现实土壤侵蚀量是指当前地表覆盖和水土保持因素下的土壤侵蚀量，潜在土壤侵蚀量则是生态系统在没有植被覆盖和水土保持措施情况下可能产生的土壤侵蚀量（C=1，P=1），土壤保持量为

$$\mathrm{Ac} = RK\mathrm{LS}\,(1-CP) \tag{3-8}$$

式中，Ac 为土壤保持量［t/（$\mathrm{hm}^2\cdot\mathrm{a}$）］；$R$ 为降雨侵蚀因子；K 为土壤可蚀性因子；LS 为坡长坡度因子；C 为植被覆盖因子；P 水土为土壤保持措施因子。

（1）R 因子估算。

降雨侵蚀因子（R）反映了降雨因素对土壤的潜在侵蚀作用，是导致土壤侵蚀的

主要动力因素。本研究采用史东梅、卢喜平等基于人工模拟降雨的手段建立的计算重庆地区降雨侵蚀力的雨量模型[129]：

$$R_{\text{year}}=5.249F^{1.205} \tag{3-9}$$

$$F=\sum_{i=1}^{12}\left(\frac{P_i}{P}\right)\times P_i \tag{3-10}$$

式中，R 为年降雨侵蚀力［（MJ·mm）/（h·a）］；P 为年降雨量（mm）；P_i 为第 i 月降雨量（mm）。

（2）K 因子估算。

土壤可蚀性因子（K）反映了不同类型土壤所具有的不同侵蚀速度。K 因子计算如下[130]：

$$\begin{aligned}K_{\text{EPIC}}=&\left\{0.2+0.3\exp\left[-0.0256m_s\left(1-m_{\text{silt}}/100\right)\right]\right\}\times\left[m_{\text{silt}}/\left(m_c+m_{\text{silt}}\right)\right]^{0.3}\\&\times\left\{1-0.25\text{orgC}/\left[\text{orgC}+\exp\left(3.72-2.95\text{orgC}\right)\right]\right\}\\&\times\left\{1-0.7\left(1-m_s/100\right)/\left\{\left(1-m_s/100\right)+\exp\left[-5.51+22.9\left(1-m_s/100\right)\right]\right\}\right\}\end{aligned} \tag{3-11}$$

$$K=\left(-0.01383+0.51575K_{\text{EPIC}}\right)\times0.1317 \tag{3-12}$$

式中，K 为土壤可蚀性因子［（t·hm^2·h）/（MJ·mm）］；m_s 为砂粒含量；m_{silt} 为粉粒含量；m_c 为黏粒含量；orgC 为有机质含量。

（3）LS 因子估算。

坡长坡度因子（LS）反映了地形地貌特征（坡长和坡度）对土壤侵蚀的影响，到目前为止的关系仍不确定。然而，在一定范围内，坡长越长、流量积累越大，坡度越陡、径流速度越快，然而当坡度达到一定阈值时土壤侵蚀速率将停止增加。本研究基于 Hickey 和 van Remortel 的方法通过 Arc Macro Language（AML）脚本语言，ArcInfo Workstation9.3 软件计算得到。

LS 公式如下[131]：

$$\begin{aligned}&L=\left(\lambda/22.13\right)^m,\\&m=\beta/\left(1+\beta\right),\ \beta=\left(\sin\theta/0.089\right)/\left[3.0\times\left(\sin\theta\right)^{0.8}+0.56\right],\\&S=\begin{cases}10.8\sin\theta+0.03 & \theta<5.14°\\16.8\sin\theta-0.5 & 5.14°\leqslant\theta<10.20°\\21.91\sin\theta-0.96 & 10.20°\leqslant\theta<28.81°\\9.5988 & \theta>28.81°\end{cases}\end{aligned} \tag{3-13}$$

式中，22.13 是 USLE 标准小区的坡长（m）；S 为坡度因子；θ 为坡度；L 为坡长因子；λ 为像元坡长；m 为坡长指数，水平方向坡长 λ 的计算式如下：

$$\lambda_i=D_i/\cos\theta_i \tag{3-14}$$

式中，D_i为沿径流方向每个像元坡长的水平投影距（在栅格图像中为两相邻像元中心距，随方向而异）；θ_i为每个像元的坡度（°）；i为自山脊像元至待求像元的个数。

（4）C因子估算。

地表植被覆盖因子（C）反映了不同地面植被覆盖状况对土壤侵蚀的影响。本研究基于遥感反演的植被覆盖度和土地覆盖类型图，通过查询USLE中C值表，将结果C值赋予对应类型的像元（表3-2）。

表3-2 不同土地覆盖类型和植被覆盖度对应的C值

土地覆盖类型	植被覆盖度					
	0%	20%	40%	60%	80%	100%
草地	0.45	0.24	0.15	0.09	0.043	0.011
灌丛	0.331	0.189	0.126	0.08	0.041	0.011
林地	0.011	0.009	0.004	0.003	0.002	0.001
农田	0.5	0.5	0.5	0.5	0.5	0.5
裸地	1	1	1	1	1	1
城镇	0	0	0	0	0	0
水域	0	0	0	0	0	0

（5）P因子估算。

土壤保持措施因子（P）是指特定保持措施下的土壤流失量与未实施保持措施之前相应地块顺坡耕作时的土壤流失量的比值。本研究由于缺少相关数据，不考虑P因子影响，P值为1。

生态系统土壤保持价值估算通过运用市场价值法、机会成本法和影子工程法从保护土壤养分、减少土地废弃和减轻泥沙淤积三个方面来评价生态系统土壤保持价值。

土壤养分保持价值估算：土壤侵蚀致使大量的土壤营养物质流失，主要是土壤中的N、P、K。不同类型土壤中的N、P、K含量不同，运用GIS技术计算重庆市不同生态系统类型N、P、K的平均含量，再依据下式估算保持土壤养分的经济价值。

$$V_a = \mathrm{Ac}\sum_i C_i T_i P_i \tag{3-15}$$

式中，V_a为保持土壤养分的经济价值（元/a）；i为土壤中养分种类N、P、K；C_i为土壤中N、P、K纯含量（%）；T_i为某种养分纯量换算成化肥量的系数，这里碳酸氢铵取5.882，过磷酸钙取3.373，氯化钾取1.667[132]；P_i为某种化肥的市场价格，2011年三种化肥的市场价格分别为每吨820.45元、612.60元和3100元。

5）径流调节

生态系统如森林、灌木、草地等，在时间和空间上影响着水流和径流量。生态系统的变化也会改变水文循环、蒸散模式、水分渗透和保持。本研究基于 InVEST 模型和经验公式来估算生态系统径流调节能力，径流调节能通过土壤水分保持量与径流量的比值来表示。

$$W_c = H_u / R_w \tag{3-16}$$

式中，W_c 为径流调节能力；H_u 为土壤含水量（mm/a）；R_w 为年产水量。土壤含水量由土壤有效厚度、土壤容重和最大有效持水能力组成。

6）水质净化

生态系统类型通过向地表水输出营养物质或者其他污染物，从而影响水质环境。生态系统类型通过截留或滞留邻近水体中的营养物质或污染物质，提供重要的水质净化服务功能。本研究由于数据限制，只考虑 P 污染现象。

尽管这种单一污染物度量方法忽略了其他许多水源污染,但是它提供了一个非点源污染的估算方法。我们采用 InVEST 水质净化模型来评估栅格的营养物质滞留和累积量，进而反映生态系统的水质净化能力。首先基于 InVEST 产水量模型获得栅格径流量，然后利用各个生态系统 P 污染负荷信息和污染物滞留能力，来评估生态系统类型对水质污染的净化服务。P 污染负荷从一个栅格按地表水流方向流向另一个栅格，流向的那个栅格又累积了来自其他栅格的 P 污染负荷，直至这些污染物质流入邻近的河流或水体中。流经生态系统类型中的污染物发生滞留从而水质得以净化，水质净化功能评价主要基于输出系数途径进行评价，评价方法为

$$\mathrm{ALV}_x = \log(\sum_u Y_u)\sqrt{\lambda w}\,\mathrm{pol}_x \tag{3-17}$$

式中，ALV_x 为栅格 x 调节的载荷值；$\sum_u Y_u$ 为沿径流方向累积的水量总和；$\sqrt{\lambda w}$ 为流域平均径流指数；pol_x 为栅格 x 的输出系数。

7）生物多样性保护

采用 InVEST 模型中的生境质量指数来进行评价，计算公式如下：

$$Q_{xj} = H_j \left[1 - \left(D_{xj}^z \middle/ D_{xj}^z + k^z \right) \right] \tag{3-18}$$

式中，Q_{xj} 是生态系统类型 j 中栅格 x 的生境质量；H_j 为生态系统类型 j 的生境适合性；D_{xj} 是生态系统类型 j 栅格 x 的生境胁迫水平；k 为半饱和常数，当 $1-\left(D_{xj}^z \middle/ D_{xj}^z + k^z \right)$=0.5 时，$k$ 值等于 D 值。

$$D_{xj}=\sum_{r=1}^{R}\sum_{y=1}^{Y_r}\left(w_r\Big/\sum_{r=1}^{R}w_r\right)r_y i_{rxy}\beta_x S_{jr} \tag{3-19}$$

式中，W_r为胁迫因子的权重，表明某一胁迫因子对所有生境的相对破坏力；r_y为胁迫因子；i_{rxy}为栅格 y 中胁迫因子 r（r_y）对栅格 x 中生境的胁迫作用；β_x为栅格 x 的可达性水平，1 表示极容易达到；S_{jr}为生态系统类型（或生境类型）j 对胁迫因子 r 的敏感性，该值越接近 1 表示越敏感。

$$i_{rxy}=1-\left(\frac{d_{xy}}{d_{r\max}}\right)\text{（线性）} \tag{3-20}$$

$$i_{rxy}=\exp\left[-\left(\frac{2.99}{d_{r\max}}\right)d_{xy}\right]\text{（指数）} \tag{3-21}$$

式中，d_{xy}为栅格 x 与栅格 y 之间的直线距离；$d_{r\max}$是胁迫因子 r 的最大影响距离。

8）气候调节

调节气候价值计算公式为

$$V=ELP/\alpha \tag{3-22}$$

式中，V 为森林生态系统调节气候价值；E 为森林蒸腾量；L 为蒸发耗热系数；P 为现行电价；α 为空调能效比。

9）文化旅游

按照投入产出原理，游客在重庆市的消费支出，可被视为最终消费增量的一部分。在既定产业关联的格局下，最终需求的变动将引起国民经济各产业部门产值的变动。

假设产业间的经济技术关联关系既定，$\boldsymbol{H}=(H_1,H_2,\ldots,H_n)^T$，为游客旅游消费构成向量，则由产业间的波及效果所激发的全部生产额可由公式（3-23）计算：

$$\boldsymbol{U}=(\boldsymbol{I}-\boldsymbol{A})^{-1}\boldsymbol{H} \tag{3-23}$$

式中，$\boldsymbol{H}$ 为最终旅游需求向量；$(\boldsymbol{I}-\boldsymbol{A})^{-1}$ 是列昂惕夫逆矩阵；$\boldsymbol{A}$ 为经济系统的直接消耗系数矩阵；$\boldsymbol{I}$ 为单位矩阵；$\boldsymbol{U}$ 为最终旅游需求所激发的生产额，即旅游经济产值。

同理，可求得旅游需求所激发的生产总值增加值：

$$\text{旅游经济增加值}=\sum\nolimits_i \boldsymbol{U}\times P=\sum\nolimits_i(\boldsymbol{I}-\boldsymbol{A})^{-1}\boldsymbol{H} \tag{3-24}$$

本研究采用的完全消耗系数表及直接消耗系数表来自《重庆投入产出表》。

3.5.2.2 相关统计分析方法

选用 ArcGIS 空间分析工具，揭示不同县域、海拔和坡度的生态系统服务、生态系统质量空间分布特性。为了探索生态系统服务和质量与气候和人类活动之间的关系，我们选用皮尔逊相关性方法在 SPSS 软件中进行分析[133]。其中气候因素主要考虑降水和温度，人类活动主要为人口（农村和城镇人口）、GDP（GDP1、GDP2、GDP3）、交通密度、建设用地面积、农药化肥施用量、生态保护工程等。相关性分析均以县域为统计单元。

此外，为研究 10 年来重庆地区生态系统服务与质量变化对区域气候、人类活动变化的响应，以及这种变化在时空上的差异，我们选用一元线性回归分析来处理多年气候和人类活动统计数据[134]，得到其变化趋势，计算公式为

$$S_{\text{lope}}=\frac{n\times\sum_{i=1}^{n}i\times C_i-\sum_{i=1}^{n}i\times\sum_{i=1}^{n}C_i}{n\times\sum_{i=1}^{n}i^2-(\sum_{i=1}^{n}i)^2} \tag{3-25}$$

式中，S_{lope} 为趋势斜率；n 为监测时间段的年数；C_i 为第 i 年的统计数据。斜率为负值的区域，呈减小趋势；斜率为正值的地区，呈增加趋势；斜率绝对值越大，变化的幅度越大，反之则变化的幅度越小。

1）核心区规划方法

根据重庆地区地形地貌和气候特征，生态系统格局和过程与生态环境问题和生态系统服务功能的关系；确定规划中的主导因子及依据，这是核心功能规划的基本依据。每个地区的生态系统都提供多种生态系统服务功能，对于特定区域的生态系统类型，结合人们的利益，确定出区域主导的生态系统服务。核心区规划要结合当地社会经济发展与要求，为地区可持续发展提供科学理论与数据支持，以更好地指导区域生态保护和管理，促进地区社会经济可持续发展[135]。

本研究按照生态系统服务功能的输出量，将输出最多的占 10%面积的栅格作为这种服务功能的核心区域；将输出较多的占 40%面积的栅格作为这种服务功能的重要区域；剩余的占 50%面积的栅格不考虑设置。

2）情景设置与预测方法

由于土地利用/覆盖变化是反映人类活动对生态环境造成影响的一种重要途径，因此对其变化预测模拟已成为生态环境领域研究的热点。近年来，关于土地覆盖变化预测模拟的相关研究越来越多，有大尺度的空间研究（全球范围），也有小区域的研究（流域）。由于各个模型选用的方法也各具特点，因此对比分析多种预测模型的模拟能力是相当困难的。例如，一些模型，如 GEOMOD 模型，针对两类主要土地类型变化预测模拟，然而其他预测模拟，如 CA_MARKOV 模型能够预测模拟多种土地类型的变化。还有一些模型预测模拟变化是基于实际变量而不是类型变量。大部分的模型是基于栅格数

据，但是有的模型是基于矢量数据。即使研究者使用相同的模型，由于研究区域的不一致，模型的模拟性能仍然不同。如果不考虑复杂的景观类型与数据质量，单独分析模拟结果的好坏将是十分困难的一件事。Pontius 等给出了 GEOMOD 模型最为完整的描述与应用。该模型被广泛地应用于基准情景模拟，如森林砍伐的碳抵消项目，要求国际社会对于全球气候变化达成一致见解，如《京都议定书》。因此，本研究针对特定的研究区域——重庆，以及相关辅助信息，选择适用性较强的 GEOMOD 模型来模拟预测重庆森林生态系统类型变化及其所带来的生态环境效益，并用统计方法验证模拟结果。

GEOMOD 是基于栅格数据预测土地利用/覆盖变化的模型，其能够预测某一时间点前后的土地类型空间变化。GEOMOD 模型主要根据 4 种判定规则来确定土地类型转化的具体空间位置（景观类型的持久性、允许区域分层分析、领域约束条件和最适宜图层）。上述判定规则中最重要的是景观类型的持久性。基于该规则，通过 GEOMOD 模型搜索具有最高适宜数值的其他类型的空间区域，来模拟预测研究类型的变化区域。

GEOMOD 模型适宜性图层构建步骤：①GEOMOD 模型重新分类驱动图层，为驱动因子图层的每种类型的栅格分配百分比变化数值。百分比变化数值通过对比分析变化初期的土地覆盖图层和驱动因子图层得到。②在每种属性类型图层重分类之后，GEOMOD 模型基于所有属性图层的各自权重计算可适宜图层。每个栅格的可适宜数值用如下公式计算：

$$R_{(i)} = [\sum_{q=1}^{A}\{W_a \times P_{a(i)}\}] \Big/ [\sum_{a=1}^{A} W_a] \quad (3\text{-}26)$$

式中，$R_{(i)}$ 为栅格（i）的适宜性数值；a 为某一类驱动因子图层；A 为驱动因子图层总数；W_a 为每类驱动因子图层权重；$P_{a(i)}$ 为属性图层 a 中类型 ak 的发展百分比数值，栅格（i）是类型 ak 的某一栅格。

3.6　重庆市森林工程生态质量调查与评估

生态质量的评估包括两个层次，从群落层次而言，通过样方调查，分析群落物种组成、群落优势种、物种多样性、分布格局及树种搭配情况，评价所属工程是否达到预期的要求；从生态系统尺度而言，主要通过生态系统质量指数的评估，来评价整个森林工程实施后的森林质量变化状况。

3.6.1　群落尺度的生态质量调查与评估

3.6.1.1　主要调查内容

（1）对维管植物进行种类识别、统计、鉴定、编目，提供植物区系资料。并以此作为基础对植物多样性及植物区系特征进行分析评价。

（2）对区域内可能分布的古树名木、国家重点保护野生植物进行重点调查。并记录种类、数量、生长状况、生境及分布地点的坐标。

3.6.1.2 调查方法

（1）样带法：鉴于植物沿道路、水系呈带状分布，主要采用样带法进行物种调查。即调查者按一定路线行走，记录调查路线左右一定范围内出现的物种。

（2）样方法：对物种丰富、分布范围相对集中、面积较大的地段采用样方法。即在样地上设立一定数量的样方，对样方中的物种进行全面调查。

（3）标本采集法：对于现场无法鉴定到种的植物，采集和拍摄标本，并作特征信息记录，以备室内鉴定之用。记录形态特征、分布现状和生态环境信息等。

（4）物种鉴定依据：标本鉴定参照《中国植物志》《四川植物志》《中国高等植物图鉴》等工具书。若有分歧以《中国植物志》为准。古树名木调查参照《全国古树名木普查建档技术规定》标准。国家重点保护野生植物及稀有濒危植物调查以《国家重点保护野生植物名录（第一批）》为标准。

3.6.2 生态系统尺度的群落调查与评估

3.6.2.1 调查的主要内容

（1）研究区范围内的主要植被类型。

（2）选取典型、均质的样地，调查群落物种组成、密度、高度、胸径等数量特征。分析群落物种组成、群落优势种、物种多样性、分布格局及树种搭配情况。

3.6.2.2 重庆市生态系统尺度的调查方法

1）调查原则

为保证样地布置具有代表性、植被调查结果的准确性、植被调查结果能充分反映当地的实际情况，进行样方调查时应采取以下原则。

（1）除根据总体要求外，还应根据植被实际分布情况，合理确定样地设置的数量。

（2）植被类型调查与卫片测点相结合，提高卫片识别的准确性。

2）植物群落调查方法

植物群落调查以传统的样方法为主。典型样地设置面积大小均以大于其群落最小样地面积为标准。结合森林工程特点，此次调查针叶林、针阔混交林、阔叶林等森林群落，统一设置为100 m^2（10 m×10 m 或 20 m×5 m），灌丛样地面积统一设置为25 m^2

（5 m×5 m），草丛样地面积统一设置为 1 m^2（1 m×1 m）。

样地调查方法主要采用十字分割样方法和分层统计法，将样地平分成 4 个象限，对乔木层、灌木层及草本层逐一调查记录。其中，群落的乔木层主要由样地中高度等于或大于 3 m 的直立木本植株组成；高度小于 3 m 的木本植物构成群落的灌木层；群落中的草本植物则统一为草本层；藤本植物和附生植物按照层间植物进行统计。

样地调查内容包括样地地理位置（地理名称、经纬度、海拔和分布等）、生境特征、群落的名称、森林起源、群落外貌特征和郁闭度、拍摄植被外貌和群落结构。

乔木层植物进行每木调查，分别记录乔木植株的种名、树高、胸围和冠幅；灌木层记录灌木的种名、高度、盖度和株数（丛数）；草本植物和层间植物记录其种名、高度和盖度。另外，对样地受干扰现状、程度和原因，林内植物死亡状况，分别作为备注进行记载。

3）植被分类的原则、单位及系统

依据《四川植被》对植被分类的原则，根据植物种类组成、外貌和结构、生态地理特征和动态特征对植被类型进行分类。关于植被分类的单位，主要按三级划分标准，即高级单位植被型、中级单位群系、基本单位群丛。

3.6.3 调查时间与区域

3.6.3.1 通道与水系森林工程

野外调查时间为 2011 年 7～8 月，涵盖重庆市境内高速公路、国道、省道、县乡道等公路；长江、嘉陵江、乌江、大宁河等河流；长寿湖、丁山湖、龙水湖、卫星湖等水库实施森林工程的区域。共调查样方 107 个，其中通道工程调查样方 66 个、水系工程 41 个。

3.6.3.2 农村森林工程

农村森林工程涉及速丰林、低效林改造、绿色村镇三项内容。此次重庆农村森林工程实地样方调查以区县为单位抽样，抽样区县包括一小时经济圈的荣昌、大足、永川、南川，渝东南的酉阳、石柱，渝东北的丰都、忠县、云阳，基本能代表重庆市农村森林工程的整体情况。其中速丰林工程主要调查永川、酉阳、丰都三个区县；低效林改造主要调查南川、石柱、云阳三个区县；绿色村镇主要调查荣昌、大足、忠县三个县。共调查样方 148 个。

具体分为三个时间段进行。第一个时间段：7 月 15～20 日进行渝东南部南川-酉阳的野外调查，在调查过程中积累经验，发现问题，并进行相应工作方案的调整。第二个时间段：8 月 5～28 日分两组分别进行渝东北的丰都—石柱—忠县—云阳和渝西的永川—荣昌—大足的野外调查工作；第三个时间段：8 月 29 日～9 月 15 日进行野外样方调查表的室内整理、电脑录入等，完成资料统计并撰写评估报告。

（1）速丰林调查内容包括立地条件、树种类型、种植密度、植株大小、抚育方式等。共选择生态林样方 19 个，包括丰都 6 个、永川 13 个，其中永川桉树和撑绿竹混交林 6 个。速丰竹林共做样方 12 个，其中永川 9 个，全部为撑绿竹和桉树混交林，以撑绿竹为优势种；丰都 3 个样方中有 1 个为撑绿竹，其他 2 个为绵竹。桤木速丰林在酉阳共调查 5 个样地，每个样地各一个样方。杉木速丰林在酉阳共选择 5 块样地进行调查，每个样地各 1 个样方，另有 3 个对照样方。

（2）低效林改造调查内容包括立地条件、改造方式、生态防护和经济效益的评估等。马尾松劣质林和残次林改造在南川进行调查，共选择 5 个样地，每个样地各 1 个样方。低效灌木林在石柱、云阳两县共选择 5 个样地，根据样地内群落异质性强弱共做 9 个样方。低效纯林改造的样方调查主要针对云阳 2000 年长江防护林的低效刺槐纯林改造，以及低效柑橘和枇杷林换种嫁接改造。低效刺槐人工纯林改造共选择 4 块样地 9 个样方，低效柑橘和枇杷林改造共选择 4 块样地 4 个样方。退耕还林地补植补造和荒山造林工程中产生的低效竹林作为经营不当林或树种不适林共选择样地 9 个，样方 13 个。

（3）绿色村镇调查内容包括农田林网、庭院绿化、生态林建设、茶山、果园、竹林几类。其中茶山分布较少，没有调查。生态林调查在忠县、大足、荣昌三个区县共选择样地 12 个，包括大足 5 个、荣昌 4 个、忠县 3 个，其中纯桉树生态林 6 个，纯黄葛树生态林 2 个，其他均为混交生态林，如桉树和香樟混交林。竹林共做样方 12 个，其中大足 6 个，主要是大叶麻竹、撑绿竹和雷竹；荣昌 3 个样方中全为大叶麻竹；而忠县 3 个样方全为楠竹。果园共选择 12 个样方，包括大足 3 个枇杷园样方、荣昌柑橘和梨园样方各 2 个、忠县 5 个柑橘样方。庭院绿化主要在建设的绿色村镇里面选取，大足、荣昌、忠县共采集了 13 个样方，其中大足、荣昌各 5 个，忠县 3 个。农田林网共采集了 14 个样方，其中大足、荣昌各 4 个，忠县 6 个。

3.6.3.3 城区森林工程

主要调查范围为主城 9 个区，即渝中区、沙坪坝区、江北区、南岸区、九龙坡区、大渡口区、北碚区、渝北区、巴南区，以及渝东南（涪陵、酉阳）、渝东北（巫溪、开县）、渝西（永川、铜梁）、三峡库区（万州）等 7 个行政县（区、市）。

在主城 9 个区，选择森林工程建设中城市组团隔离森林带、城市小片森林、景观大道、立交桥绿化、城市公园、单位绿地、立体绿化等七大类型绿地进行现场调查；在 7 个行政县（区、市）（涪陵、酉阳、巫溪、开县、永川、铜梁、万州）

森林工程建设中，根据实际情况选择三个以上类型绿地进行样方调查,共调查样方58个。

3.6.3.4　苗圃基地

苗木工程调查采取现场实地勘察苗圃基地与相关工作人员咨询相结合。根据各县（区、市）苗圃工程实施情况，选择了大、中、小共12个苗圃基地进行调查，主要了解各苗木基地的立地条件、规模、现有苗木种类、数量、规格及苗源储存等情况。

3.6.4　综合分析评价

3.6.4.1　评价原则

在整个系统中，将乔木、灌木、草本植物因地制宜地配置在群落中，种群间相互协调，有复合层次和色彩季相变化，具有不同生态特性的植物能各得其所，能够充分利用阳光、空气、空间、养分、水分等，构成一个和谐有序、稳定的群落。在树种选择与配置的具体过程中，应特别注重以下生态学原理的应用。

1）以“生态平衡”原理为主导，合理规划布局森林工程

生态平衡是指在生态系统内部，生产者、消费者、分解者和非生物环境之间，在一定时间内保持能量与物质输入、输出动态的相对稳定状态。在森林工程的建设中，应坚持以“生态平衡”原理指导规划实践，使森林工程的布局与自然地形地貌和河湖水系相协调，并注意功能分区的关系，使整个森林工程得到合理的布局。树种的选择与配置，旨在维护森林生态平衡，提高森林生态质量。

2）遵从“生态位”原则，做好树种选择与配置

树种选择与配置，实际上取决于树种的生态位，这直接关系到森林生态系统价值的高低和生态功能的发挥。在树种选择与配置中，应充分考虑树种的生态位特征、合理选配植物种类、避免种间直接竞争，形成结构合理、功能健全、种群稳定的复层群落结构，以利于种间互利互补，既充分利用环境资源，又能形成优美的景观；应以地带性植被中的乡土树种为基调，适当引进适于本地区生长条件的外来景观树种，利用不同物种在空间、时间和营养生态位上的差异来配置树种。

3）遵从“互惠共生”原理，协调植物种间关系

在树种的选择与配置中，要考虑到树种的种间机械作用、生物作用、生理生态作用、生物化学作用等，如松树与椴树有根系连生现象。根系连生通常表现为对养分和水分的竞争，生长势强的树种，往往夺走生长势弱的树种的养分和水分。

4）模拟自然群落结构，提高物种多样性

在一个稳定的植物群落中，各种群对群落的时空条件、资源利用等方面趋向互相补充而不是直接竞争，系统越复杂也就越稳定。因此，在森林建设中应营造混交林，少营造或不营造纯林；物种多样性越高、结构越接近自然群落，抗干扰能力越强，养护抚育的要求也就越低。反之，群落则易受干扰，养护抚育的要求越高。

3.6.4.2　评价内容

根据评价原则与野外调查数据，对生态质量进行以下分析评价。

（1）综合分析森林工程的树种类型、种植密度、分布格局、树种搭配及生长状况。

（2）根据现状，预测 5 年后的变化状况，并为下一阶段森林工程的实施提供对策与建议。

3.6.5　基于遥感的生态质量评估

在生态系统尺度上，主要以遥感数据为基础，通过生态系统质量指数的评估，来评价整个森林工程实施后的森林质量变化状况。

3.6.5.1　生态系统质量指数

森林与草地生态系统质量采用基于像元的相对生物量密度进行评价，计算方法为

$$\mathrm{EQ}_j=\frac{\sum_{i=1}^{n}\mathrm{RBD}_{ij}\times S_p}{S_j} \tag{3-27}$$

$$\mathrm{RBD}_{ij}=\frac{B_{ij}}{\mathrm{CCB}_j}\times 100\% \tag{3-28}$$

式中，EQ_j 为 j 类生态系统质量指数；i 为像元数量；RBD_{ij} 为 j 类生态系统 i 像元的相对生物量密度；S_p 为每个像元的面积；S_j 为评价区域内 j 类生态系统的总面积；B_{ij} 为 j 生态系统 i 像元的生物量，通过遥感获得；CCB_j 为 j 类生态系统顶极群落每个像元的生物量，通过生态系统长期定位观测数据或样地调查数据获得。

具体评价标准见表 3-3。

表 3-3　生态系统质量分级标准

质量等级	RBD 值
优	RBD ≥ 85%
良	70% ≤ RBD＜85%
中	50% ≤ RBD＜70%
差	25% ≤RBD＜50%
劣	RBD＜25%

3.6.5.2　生物量

为了计算相对生物量密度，需要计算植被生物量，本研究采用植被指数-生物量法来进行计算。

植被指数被证实与植被生物量具有较好的关系，因而可以通过植被指数-生物量回归法估算生物量，即根据各样方的森林/草地生物量干重及其对应的基于遥感数据的归一化差异植被指数（NDVI）、增强型植被指数（EVI）等植被指数值，通过建立两者之间的线性模型或非线性模型来反演森林/草地生态系统的生物量，具体植被指数及回归模型的选择取决于模型拟合及验证的结果。

基本参数与数据来源：①参数 1，生物量；来源于地面观测；计算及获取方法是通过设置森林、草地样地，调查单位面积内地上生物量干重，样地设置与调查方法可参见野外调查部分。②参数 2，植被指数；来源于 MODIS 陆地二级标准数据产品；计算及获取方法是 MODIS 陆地二级标准数据产品（MOD 13），可以从 NASA 的数据分发中心免费下载。

4　数据来源与处理

4.1　数 据 来 源

4.1.1　TM 数据

遥感数据主要采用美国 Landsat 系列卫星影像，该影像数据采用的是 UTM 投影，WGS84 椭球。影像成像清晰，云量较少，不影响研究结果。

研究采用 Landsat 5 TM 影像作为遥感影像数据。每景影像有 41 586 023 个像元，覆盖面积为 30 600 km^2。TM 影像不同的波段响应了不同地物在该波段内的反射辐射特性。正是由于波段与地物间存在这些相关特性，针对性强，故可根据不同的应用目的，进行多种组合处理和专题提取，因此人们利用地物在不同光谱范围内的响应程度和波段的组合来识别地物[136]。Landsat 5 TM 影像各波段波谱范围、分辨率及主要用途如表 4-1 所示。

表 4-1　TM 数据波段特征

波段号	波段	波长范围/μm	设计依据	波段特征	主要用途
TM1	蓝	0.45～0.52	植物色素吸收峰 0.45μm	对水体穿透力强，对叶绿素及叶色素浓度反应敏感	有助于判别水深、水中叶绿素分布，近海水域制图
TM2	绿	0.52～0.60	植物在绿光波段反射峰 0.55μm	对茂盛植物绿反射敏感，对水的穿透力较强	探测健康植物，评价生长活力，研究水下地形特征和水污染
TM3	红	0.63～0.69	植物叶绿素吸收峰 0.65μm	为叶绿素的主要吸收波段	用于区分植物种类与植物覆盖度，探测植物叶绿素吸收的差异，在秋季则反映叶黄素、叶红素的差异
TM4	近红外	0.76～0.90	植物细胞结构的影响，在 0.70～1.3μm 的高反射平台	对绿色植物类别差异最敏感，为植物通用波段	确定绿色植被类型，进行生物长势和生物量的调查、水域判别等
TM5	中红外	1.55～1.75	水分子在 1.4 m、1.9μm 的吸收峰	处于水的吸收内，对含水量敏感	用于植物含水量的调查、土壤湿度、水分状况、作物长势的研究，区分云和雪
TM6	热红外	10.4～12.5	地物热红外发射特征	可以进行热制图	植物和地物的热强度测定分析，人类热活动特征监测
TM7	中红外	2.08～2.35	处于水吸收带与蚀变岩类黏土矿物中羟基的吸收	处于水的强吸收带，水体呈黑色	矿物含水量测定，岩石的调查与分类，含有—OH 矿物的土壤

将 2011 年覆盖重庆市的遥感影像数据作为研究数据源。针对不同研究范围的精度要求，重庆市全市用美国陆地卫星 TM 作为主数据源，包括评价区 2011 年的 Landsat 5 TM 的多光谱遥感影像数据（表 4-2）。

表 4-2 遥感数据说明表（Landsat 5 TM）

轨道号	云层覆盖/%	空间分辨率/m	获取时间（年月日）	影像类别
126-38	5	30	20110426	TM
126-39	0	30	20110426	TM
126-40	5	30	20110426	TM
127-38	0	30	20110519	TM
127-39	0	30	20110519	TM
127-40	0	30	20110519	TM
128-39	0	30	20110830	TM
128-40	1	30	20110830	TM

4.1.2 DEM 数据

基础地理信息采用重庆 1∶50 000 基础地理信息数据库信息，主要利用边界层、居民层和水系层等。首先将各个层面进行拼接，再进行投影变换，投影格式与遥感影像的投影格式保持一致，该项目区采用的是 WGS84 坐标系统，通用横轴墨卡托投影 UTM Zone48N，这是区域空间分析的数学基础。利用数字地形图中的等高线层进行拼接后可以生成空间分辨率为 25 m×25 m 的数字高程（DEM）数据。

为了与 TM 影像 30 m×30 m 的分辨率一致，将 25 m 分辨率的 DEM 数据转化为 30 m× 30 m，确保研究区用到的 DEM 数据与 TM 数据及森林资源二类调查数据的坐标系统和投影一致，且完全匹配。利用已有软件 ARCMAP 对生成的 DEM 数据进行坡度和坡向的计算。

4.2 数 据 处 理

对与研究范围相关的八景影像进行遥感预处理，包括投影变换、拼接、研究区域提取。

4.2.1 遥感图像的预处理

获取遥感影像时，因太阳位置、大气条件、传感器成像、地形起伏、遥感平台姿态、地球自转等多种因素的作用，对遥感影像有一定程度的影响，因此有效地消除各种因素对遥感影像的影响能够达到增强信息量、提高光谱特征精确度、细化影像纹理特征的目的，遥感影像经过预处理后要能够全面准确地反映出研究区的地表信息。遥感图像的预处理主要包括图像分幅裁剪、图像几何校正、图像拼接处理、辐射校正等，主要是根据所选区域的地理特征和专题信息提取的客观要求，对图像进行范围调整、误差校正、坐标转换等处理，消除畸变和误差，以便用于图像解译、分类等后续处理。

对于系统变形，可以用严格的数学公式描述来校正，一般称为几何粗校正。从地面卫星站获取的遥感影像一般都经过了几何粗校正。而对于随机误差，无法用明确的数学表达，因此用户必须进行进一步的校正，即几何精校正。几何精校正是利用地面控制点（ground control point，GCP）对由各种随机因素的遥感图像的几何畸变的校正的一种方法。它适合在地面平坦、不需考虑高程信息，或地面起伏较大而无高程信息，以及传感器的位置和姿态参数无法获取的情况时应用。

将获得的研究区多光谱遥感影像进行几何精校正、波段选择及组合、图像增强、相关性分析和主成分分析等一系列操作，并按照评价区的行政范围界限，对遥感影像进行相应裁剪，获得项目区的遥感影像图。几何精校正主要以 1∶50 000 的地形图为基准，针对平原地区，选取一定数量的 GCP，采用二次多项式双线性内插进行几何精校正，校正误差控制在一个像元之内。针对高山地区，采用 Landsat TM 地形校正模型进行几何精校正（图 4-1）。

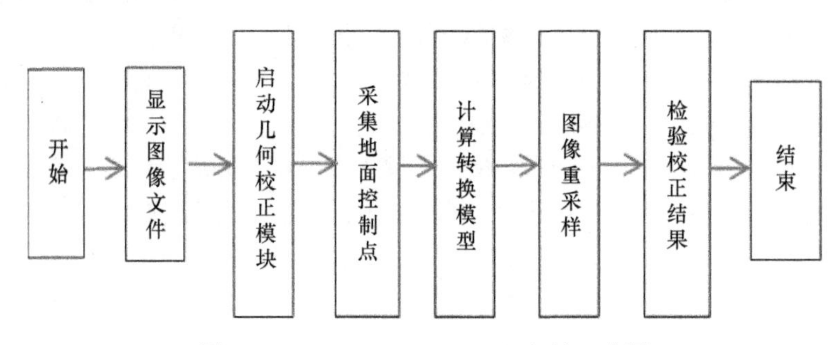

图 4-1 ERDAS IMAGINE 几何校正步骤

4.2.2 几何校正模型的选取

对于几何位置变换，目前主要有多项式变换、共线变换和随机场插值变换方法。在实际应用中一般采用多项式变换中的二阶多项式。

$$
\begin{cases}
X = F_x(u,v) = \sum_{i=0}^{n}\sum_{j=0}^{n-i} a_{ij}u^i v^i \\
Y = F_y(u,v) = \sum_{i=0}^{n}\sum_{j=0}^{n-i} b_{ij}u^i v^i
\end{cases}
\tag{4-1}
$$

式中，（X，Y）为待校正图像上的像元坐标；F_x、F_y为重采样校正畸变函数；（u，v）为校正图像空间中每个待输出像元点的位置；a_{ij}、b_{ij}为待定系数，是利用地面控制点的待校正图像坐标和参考坐标系中的坐标（如地形图中的坐标）按最小二乘法求解的多项式系数；n为多项式的阶数；n取 2 为二阶多项式方程。

4.2.3　地面控制点的选择

几何校正结果的精度主要取决于地面控制点的选择，Jensen 认为进行图像匹配应满足均方根误差（RMS）小于 0.5 个单元。控制点的选择要以配准对象为依据。以地面坐标为匹配标准的称为地面控制点（记作 GCP）。一般来说，控制点应选取图像上易分辨且较精细的特征点，这很容易通过目视方法判别，如道路交叉点、河流弯曲或分叉处、海岸线弯曲处、湖泊边缘、飞机场、城市边缘等。应多选些特征变化大的地区。图像边缘部分一定要选取控制点，以避免外推。此外，尽可能满幅均匀选取。

实际工作表明，选取控制点的最少数目来校正图像，效果往往不好。在图像边缘处，在地面特征变化大的地区，由于没有控制点，靠计算推出对应点会使图像变形，因此在选择控制点时必须遵循以下原则：①控制点数要达到一定数量，但也不宜过多；②控制点应当在研究区域中容易定位、地理特征明显、稳定且两幅图像上均明显反映的特征点上（如河流、农田界限、小池塘、山顶、具有一定交角的线性体交叉处等）；③地面控制点应均匀分布于图像内，保证图像 4 个角和中央位置附近有控制点；④使校准时的残差尽量小。因此在条件允许的情况下，控制点数的选取都要大于最低个数很多。

4.2.4　图像灰度重采样

图像灰度重采样（resample）的过程就是依据未校正图像像元值计算生成一幅校正图像的过程，原图像中所有的栅格数据层都将进行重采样。在 ERDAS IMAGINE 中提供了三种最常用的重采样方法：①邻近点插值法（nearest neighbor），将最邻近像元值直接赋予输出像元；②双线性插值法（bilinear interpolation），用双线性方程和 2×2 窗口计算输出像元值；③立方卷积插值法（cubic convolution），用立方方程和 4×4 窗口计算输出像元值。这三种方法各有优缺点。

（1）邻近点插值法简单易用，计算量小，在几何位置上精确度为±0.5 个像元，但处理后图像的亮度具有不连续性，从而影响了精确度。

（2）双线性内插法计算简单，采样精度和几何校正精度较高，特别是对亮度不连续现象或线状特征的块状化现象有明显的改善，校正后的图像亮度连续，但这种内插法会对图像起到平滑作用，从而使对比度明显的分界线变得模糊，而且该方法具有低通滤波的性质，容易造成高频成分的丢失。

（3）立方卷积插值法有很好的图像亮度连续和几何校正的精度，而且能较好地保留高频成分，其缺点是亮度值改变、计算量大、耗时且要求位置校正过程十分准确，即对控制点选取的均匀性要求更高。如果地面控制点选择的工作没有做好，三次卷积也得不到好的结果。

将三种方法的优缺点进行对比，选用最邻近点插值法对图像进行亮度重采样，作为本次研究的采样方法。因此，研究的空间分辨率为 30 m×30 m，进而对 TM 影像进行重采样。投影坐标系采用 WGS84 坐标系统，通用横轴墨卡托投影 UTM Zone48N，保证 TM 图像的投影和坐标系与重庆市土地利用图及土壤类型图和植被类型图一致，从而实现遥感与地理信息系统的结合。

4.2.5 遥感影像切边

在实际工作中，经常需要根据研究工作范围对图像进行分幅裁剪（subset image），按照 ERDAS 实现图像分幅裁剪的过程，可以将图像分幅裁剪分为两种类型：规则分幅（rectangle subset）和不规则分幅（polygon subset）。规则分幅是指裁剪图像的边界范围是一个矩形，通过左上角和右下角两点的坐标，就可以确定图像的裁剪位置，整个裁剪过程比较简单。不规则分幅是指裁剪图像的边界范围是一个任意多边形，必须事先确定一个完整的闭合多边形区域，可以是一个 AOI 多边形，也可以是一个 Arcinfo 的一个 Polygon Coverage，针对不同的情况进行不同的剪裁。

在本研究中，根据行政区划图，确定重庆市边界，并通过 ERDAS IMAGINE 的文件输出/输入功能将流域边界的 shape 文件转化成 Arc Coverage 的格式，导入 ERDAS IMAGINE 中，利用该软件中的矢量与栅格互相转化的功能，将 Arc Coverage（矢量数据）转化成 img（栅格数据）格式。运用 ERDAS 中的掩膜（MASK）功能，将原有的影像按生成的 img 进行裁剪，得到重庆市的影像图。

4.2.6 遥感影像增强处理

图像增强处理是图像数字处理的基本方法之一。通过增强可以突出图像中有用的信息，使其中令人感兴趣的特征得以加强，使图像变得清晰，改善图像显示的质量，使解译能力提高，以利于图像信息的提取和识别。在方法上是通过突出重要信息，去除不重要或不必要的信息来实现的。图像增强的方法主要有两大类：空间域法和频率域法。空间域法主要是在空间域直接对图像的灰度系数进行处理；频率域法是在图像的某种变换域内，对图像的变换系数值进行某种修正，然后通过逆变换获得增强的图像。频率域法属于间接增强的方法，低通滤波、同态图像增强均属于该类；空间域法属于直接增强的方法，它又可分为灰度级校正、灰度变换和直方图修正，直方图均衡化属于空间域单点增强的直方图修正法[137]。

直方图均衡化（histogram equalization）又称直方图平坦化，实质上是指对图像进行非线性拉伸，重新分配图像像元值，使一定灰度范围内像元的数量大致相等。这样，原来直方图中间的峰顶部分对比度得到增强，而两侧的谷底部分对比度降低，输出图像的直方图是一个较平的分段直方图：如果输出数据分段值较小，会产生粗略分类的视觉效果。通过直方图均衡化，使得图像的直方图呈均匀分布，此时图像所包含的信息量最大；同时，若一幅图像的直方图呈均匀分布，人眼观看图像时，就有全图清晰、明快的感觉。

4.3 重庆市森林工程遥感调查

4.3.1 生态系统的分类体系

土地利用分类是按土地的自然和经济属性进行的综合性分类，它反映的是一个时期的实际土地利用状况，并为研究开发和保护土地提供依据。因此，一套土地利用分类体系的建立必须坚持统一性、系统性、规律性、实用性及特殊性的原则，做到分类体系在地域上和内容上的完整性，各个分类名词的形象性、明确性、专一性。各分类之间不能有交叉，不能有空缺，更不能存在概念的模棱两可。土地利用遥感分类体系应综合考虑比例尺的大小、精度、遥感资料可判别性、区域特点、实用性和系统性[138]。

目前国际上常用的是 Anderson 等基于 Landsat 的 4 级分类体系（前两级用于卫星遥感，后两级适用于高分遥感）。然而根据国情不同，Anderson 分类不一定适用于我国。

从现行土地利用分类体系看，主要有 1984 年由全国农业区划颁发的《土地利用现状调查技术规程》对我国的土地利用现状作了比较详尽的分类。依据土地的用途、经营特点、利用方式和覆盖特征等因素，将全国土地分为 8 个一级类、46 个二级类。1993 年 6 月修改的《城镇地籍调查规程》将城镇土地划分为 10 个一级类、24 个二级类。虽然修改后的分类体系有了一定的改进，但仍存在一定的缺陷。国土资源部在这两个土地分类基础上进行修改、归并，于 2002 年 1 月 1 日起在全国试行新的土地利用分类体系。新的土地利用分类体系采用三级分类，一级类设 3 个，即《中华人民共和国土地管理法》所规定的农用地、建设用地和未利用地；二级类设 15 个，其中农用地5个，即耕地、园地、林地、牧草地和其他农用地；建设用地8个，即商服用地、工矿仓储用地、公用设施用地、公共建筑用地、住宅用地、特殊用地、交通用地、水利建设用地；未利用地2个，即未利用土地、其他土地。三级类设71个，是在原来两个土地分类基础上调整归并和增设的[139]。

以《中国植被》提出的植物群落分类系统为基础，参考《中国生态系统》的分类方法，本次研究在结合了多种土地分类体系之后，考虑到数据源的特点，以及本次研究以流域环境为主要对象的实际情况，重庆市生态系统的分类体系将采用一级分类体系，共分7个一级类，包括森林、灌木、草地、湿地、农田、城镇与裸地（表4-3）。

表 4-3 重庆市生态系统分类体系

类型	含义
森林	以多年生木本植物为主的植物群落。具有一个可确定的主干、直立生长的植物。郁闭度不低于15%，高度在3 m以上。包括自然、半自然植被，以及集约化经营和管理的人工木本植被
灌木	以多年生木本植物为主的植物群落。具有持久稳固的木本的茎干，没有一个可确定的主干。生长的习性可以是直立的，伸展的或倒伏的。覆盖度不低于15%，乔木林覆盖度在15%以下，高度为0.3～5 m。包括自然、半自然植被，以及集约化经营和管理的人工木本植被
草地	以一年或多年生的草本植被为主的植物群落，茎多汁、较柔软，在气候不适宜季节，地面植被全部死亡。草地覆盖度大于15%以上，高度在3 m以下。乔木林和灌木林的覆盖度在15%以下。包括人类对草原保护、放牧、收割等管理、城市绿地
湿地	一年中水面覆盖超过2个月的地表面。包括人工的、自然的表面，永久性的、季节性的水面，植被覆盖与非植被覆盖的表面
农田	人工种植草本植物，以收获为目的、有耕犁活动的植被覆盖类型
城镇	城市、镇、村等聚居区
裸地	一年无植被覆盖或者覆盖极低的地表

4.3.2 遥感影像的分类方法

传统的遥感图像分类方法中，人们最常用的是最大似然分类法和最小距离分类法。其分类结果由于遥感图像本身的空间分辨率及“同物异谱”“同谱异物”现象的存在，存在较多的错分、漏分情况，导致分类精度不高。随着遥感技术的发展，近年来出现了一些新的倾向于句法模式的分类方法，如人工神经网络方法、模糊数学方法、决策树方法、专家系统方法等。

在本研究中，采用了多步骤分类法[139]。其基本思路为：首先分析不同波段组合图像上各地物的光谱特征和空间分布，然后选择最佳波段组合进行最大似然率监督分类。具体过程为：从较易分离的类开始，先将图像上精度较高的地物提取出来，并利用掩膜技术将原始图像上这些地类所对应的区域掩膜掉，以消除它对其他地物提取的影响；然后进行波段组合的选择，在掩膜后最佳波段组合的图像上按照由易到难的顺序再进行其他地物的分类。如此反复，直至获取到所有地物类型信息为止。

4.3.3 遥感图像目视判读

在对遥感影像进行分类之前，作业人员需要对影像进行目视判读。遥感图像目视判读是指根据作业人员的经验和知识，按照应用的目的识别图像上的目标，并定性、定量地提取目标的形态、构造、功能、性质等信息的技术过程。由于遥感图像上记录了地面物体的电磁波辐射特征，因此地面目标的各种特征必然在图像上有各自的反映，人们正是利用这些特征从影像上来识别目标的，这些地面目标的影像特征或影像标志称为判读标志。判读标志主要有 7 个：形状特征、大小特征、色调特征、阴影特征、纹理特征、位置布局特征和活动特征等，其中形状、大小、色调、阴影是地物属性在影像上的直接反映，称为直接特征，而纹理特征、位置布局特征和活动特征是被分析对象与周围环境在影像上的综合表现，称为间接特征。直接特征和间接特征是相对的，不同的判读特征是从不同的角度反映目标的性质，它们之间既有区别又有联系，只有综合运用各种判读特征才能得到正确的判读结果[140]。

在影像判读之前，先对影像进行预处理，以重庆市地图册、交通图册、Google Earth 等作为辅助参考资料，对 TM 影像建立初始的判读标志，对不明地物在影像上定点后，携带 GPS 定位仪到野外进行核实，最终确定各地类的解译标志。

4.3.4 新波段变量的构造

新波段变量的构造就是在原始遥感影像数据的基础上，利用代数变换或其他技术手段生成有代表性的新波段的过程。鉴于 TM 数据的各波段对图像的解译功能有限，在图像分类过程中，除了充分利用遥感图像的原始 6 个波段，即 TM1～TM5 和 TM7 外（TM6 主要反映的是地表的热红外信息，且空间分辨率低，土地覆盖信息反映得较少，因此不用于土地利用分类中），还利用原始波段构造了 NDVI 植被指数、主成分分析和缨帽变换等新的波段变量，从而有助于提高影像的分类效果。

4.3.4.1 主成分分析

主成分变换（principle components transform）是在统计特征基础上的多维正交线性变换，基于变量之间的相互关系，在尽量不丢失信息的前提下利用线性变换的方法实现数据压缩，变换后产生一组新的组分图像，组分图像的波段数小于或等于原来的图像。PCA 变换是多波段、多时相遥感影像应用处理中常用到的一种变换技术。由于地物光谱反射的相关性、地形的影响等，一幅多波段图像往往存在很高的相关性，有相当多的数据是多余和重复的。PCA 变换主要是为了减小波段之间信息的冗余，将多波段的影像信息压缩到较少波段的方法，第 1 主成分包含了所有波段中 80%的方差信息，前 3 个主成分包含了 95%以上的信息，并且组分图像中的各波段相互独立，便于图像识别判读。

PCA 变换原理为：对某一 n 个波段的多光谱图像实行一个线性变换，即对该多光谱图像组成的光谱空间 X 乘以一个线性变换矩阵 $\boldsymbol{A}$，产生一个新的光谱空间 Y，即产生一幅新的 n 个波段的多光谱图像。其表达式为：$Y=\boldsymbol{A}X$。式中，X 为变换前的多光谱空间的像元矢量；Y 为变换后的多光谱空间的像元矢量；$\boldsymbol{A}$ 为 $n \times n$ 的线性变换矩阵。根据主成分的变换原理，$\boldsymbol{A}$ 是 X 空间的协方差矩阵 $\boldsymbol{B}$ 的特征向量矩阵的转置矩阵。变换后的数据矩阵的每一行矢量为主成分变换的一个主分量。其中第一主分量包含了绝大部分信息，第二主分量次之，只要取前面少数几个主分量就可以包含原始变量中的绝大部分信息，而后面的主分量几乎多数是噪声。本研究中的影像通过主成分分析法构造出 PCA1、PCA2 和 PCA3 波段变量。

本研究对 Landsat 5 TM 影像进行主成分变换后 PCA1、PCA2 和 PCA3 各波段灰度图。

4.3.4.2 植被指数

自第一颗人造地球资源卫星发射以来，科学家就试图建立光谱响应与植被覆盖间的近似关系。遥感应用的研究结果表明，利用卫星的红光和红外波段的不同组合进行植被研究效果非常好。这些波段间的不同组合方式称为植被指数。植被指数能定量地反映出植物生物量和植被活力，比用单波段探测植被更具有灵敏性，有助于增强遥感影像的解译力，在专题制图方面增强了分类能力。常用的植被指数有比值植被指数（ratio vegetation index，RVI）、差值植被指数（difference vegetation index，DVI）、归一化差异植被指数（normalized difference vegetation index，NDVI）等。RVI 对大气影响敏感，而且当植被覆盖不够浓密时（小于 50%），它的分辨能力很弱[141]，而归一化差异植被指数（NDVI）对绿色植被表现敏感，该指数常被用来进行区域和全球的植被状态研究。

本研究用到的植被指数大都基于物理知识，将电磁波辐射、大气、植被覆盖和土壤背景的相互作用结合在一起考虑，并通过数学和物理及逻辑经验，以及通过模拟将原植被指数不断改进而发展的一种综合植被指数。

4.3.4.3 训练样区的选定与光谱值分析

在多步骤分类中，正确选择训练区是至关重要的，它的准确与否直接关系到分类结果的精度。训练样区的选择主要依据的是目视解译和辅助数据，如地形图、土地利用分类图、部分实地调查数据及非监督分类结果等。在划分训练样区时要遵循训练区光谱特征比较均一，训练样本要足够多、有代表性的原则。一次性的样区确定往往无法达到满意的结果，特别是一些在分类中易于被混淆的地类。因此，可以通过不断地调整训练样区，或者采用类型细分法来改善分类结果。本研究中，占地面积较大的地类样本大部分都达到了200个以上，对于个别覆盖面积相对较小的地类，如裸地，也选择了50个左右。从经验上说，一般一次性的样区确定是无法达到满意结果的，特别是对那些较难区分的地类。可以通过反复地调整训练样区，或者采用类型细分法来克服样区选择的困难。本次研究对重庆市的遥感影像进行训练样区选择和光谱值分析[142]。

4.3.4.4　波段组合的选择

波段组合的原理就是根据各波段间的相互关系，选择最为合理的波段，将波段之间相关性最小、最能反映地物特征的波段进行组合是提高分类效果的基础。在波段选择中还涉及波段数量的选择问题，并不是波段数量的增加就会提高分类精度，相反有时候波段数的增加会导致分类精度的下降，Mausel 和 Kramberet 于 1990 年通过试验研究表明，最佳的波段数一般是 4 个。进一步说，最佳波段的组合是在分析各地物类别训练样本的光谱特征值和光谱曲线的基础上进行选择的，一般选择特征差异最大的几个波段进行组合。通过对 2011 年的各地类样本进行统计分析，波段 1 和波段 2 的相关系数最大，呈现高度相关，即两个波段几乎可以相互替代。波段 4 和波段 7 的相关性最小，二者组合能较好地反映地类特征的区别，波段 1 和波段 7、波段 3 和波段 4 的相关性较小。从总体上看，波段 7、4、1 的组合较好。

本研究先用 RGB741 组合将裸地、森林、农田和水体区分开，然后再区分灌丛、城镇这两类较难区分的类别。

此外，对于那些受地形影响较大的地类，可将 GIS 地学数据作为一个数据层叠加到影像中以利于判别，如农田和灌丛，农田一般位于较为平整且海拔不高、坡度相对较平缓的地带，在海拔较高的地方出现类似二者特征的像元就可以应用地理高程数据进行判断。ERDAS IMAGINE 8.4 对地学数据的应用和处理功能较强，将地学数据作为一个波段辅助分类对于提高本研究的分类有十分重大的意义。

最终，将分类后的图像进行拼接处理，并进行滤波处理，消除噪声，平滑类界，进行制图综合，然后叠加行政边界等各项地图要素，并对解译结果随机抽样，进行野外精度检验，提交成果图件。具体的流程如图 4-2 所示。

4.3.4.5　遥感影像解译

在现场勘探和实地调查的基础上，根据项目区遥感影像的特点，在面向对象分类软件的平台上对项目区两个时期的八景遥感影像进行土地利用分类，由于重庆地区地形情况比较复杂，造成地类光谱特征差异很大，地形相互立体掩映突出，致使遥感图像数据中混合像元增多，分异现象比较严重，“同物异谱、异物同谱”现象突出，针对

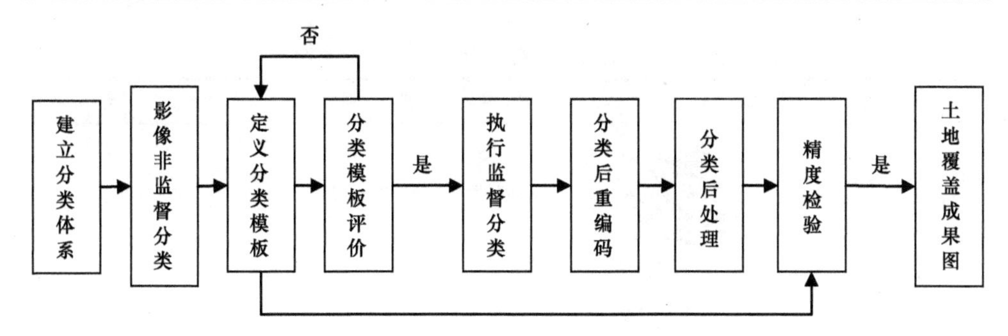

图 4-2　遥感解译分类流程

这一特点，拟采用监督分类法、专家知识决策分类系统法、光谱响应特征阈值计算方法进行分类。具体来说，首先将在 ERDAS 9.3 中经过预处理的遥感影像导入分类软件中，然后通过实地调查，并以原始影像、土地利用现状图、数字地形图和其他相关数据为参考获得初始分类模板，获得各个主要类别的光谱阈值范围，并根据各个类别在光谱响应特征阈值的情况删除不能正确反映地物光谱特征的样本，增补遗漏样本，并对同一类样本进行合并，反复调整，使模板能够准确地反映地物光谱信息[140]。最后采用确定的光谱响应特征阈值建立知识分类系统，进行专家知识分类，并辅以调整好的模板进行监督分类，采用最大似然法作为监督分类的参量规则，得到的最终结果在 ArcGIS 9.3 地理信息系统软件支持下进行分类结果的对照和手工编辑修改工作，最终编制完成评价区域土地利用现状遥感调查结果（表 4-4）。

最终，将分类后的图像进行拼接处理，并进行滤波处理，消除噪声，平滑类界，进行制图综合，然后叠加行政边界等各项地图要素，并对解译结果随机抽样，进行野外精度检验，提交成果图件。

4.3.4.6　遥感分类图像的后处理

无论是监督分类还是非监督分类，都是按照图像光谱特征进行聚类分析的，由于同物异谱、异物同谱现象及混合像元的存在，仅靠计算机的程序分类，必然存在一些误分的像元。例如，东圳水库流域的一些小支流流量很小，分类图像无法体现出这些支流，对果园和旱地等很容易混淆。这些都需要以土地利用详查图和野外考察为依据，通过分类后处理，人为修正分类图像的像元值以进一步提高分类精度。利用 ERDAS 提供的 Geolink 功能，对分类前后的影像进行对比判读，手工修正数值，可以通过 AOI 和 viewer 中的 raster 菜单下的 fill 实现对 AOI 内的值的修改。另外，分类结果中都会产生一些面积很小的图斑，这时可以利用 ERDAS 中提供的聚类统计（clump）、去除分析（eliminate）和分类重编码联合完成小图斑的处理工作。聚类统计是通过对分类专题图像计算每个分类图斑的面积、记录相邻区域中最大图斑面积的分类值等操作，

表 4-4　土地生态分类系统 TM 卫星影像特征

地物类型	影像 R（4）G（3）B（2）	颜色、色调和纹理	主要分布位置
森林		深红色或红色，聚集块状	高山区
灌丛		块状，淡红色	低山区
草地		灰蓝色并离散地分布着淡红色块状	低山区或人工建筑附近
农田		小片块状或条状，浅红色或淡蓝色	山与山之间地势低洼处，沿河流或灌溉渠分布
城镇		聚集块状，灰蓝色，其中零散地分布着红点	冲积平原或地势平坦处
裸地		蓝绿色，条状	山前冲积扇区上部或人工建筑附近
水体		浅蓝色或深蓝色，块状	水源地或水库

产生一个聚类分析类组输出图像，其中每个图斑都包含聚类分析类组属性。聚类分析类组输出图像是一个中间文件，用于进行下一步处理。去除分析是用于删除原始分类图像中的小图斑或聚类分析聚类图像中的小聚类分析类组，将删除的小图斑合并到相邻的最大的分类当中，并且将分类图斑的属性值自动恢复为聚类分析处理前的原始分类编码。显然，去除分析处理后的输出图像是简化了的分类图像（图 4-3）。

4.3.4.7　分类结果

通过对 2011 年重庆市影像的分类和后处理，获得了该流域的土地利用分类图（表 4-5）。表 4-5 表示的是 2011 年重庆市各类土地利用类型的占地面积。

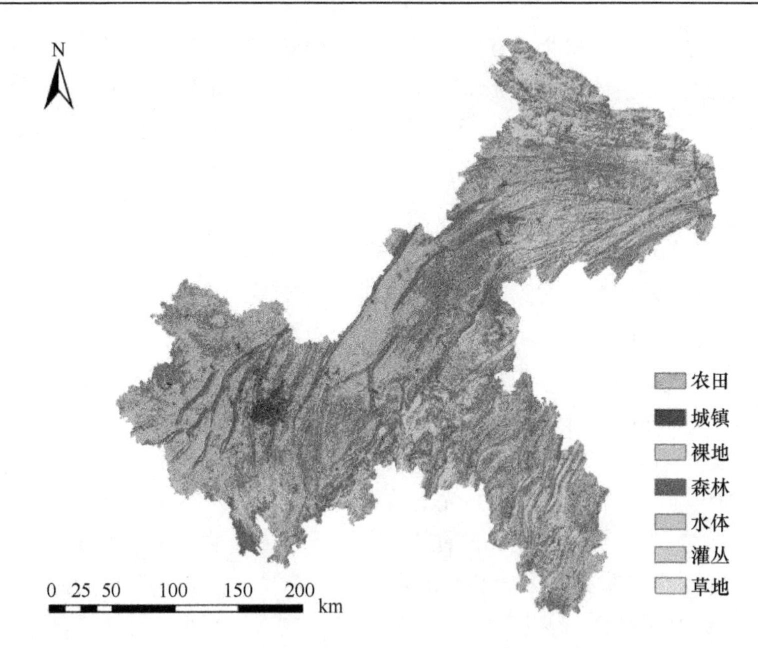

图 4-3 重庆市 2011 年土地利用类型示意图

表 4-5 重庆市 2011 年土地利用面积汇总表

土地利用类型	占地面积/km^2	占总面积的百分比/%
裸地	948.57	1.15
水体	1 237.26	1.50
农田	34 585.54	41.93
灌丛	13 593.36	16.48
草地	552.64	0.67
森林	30 494.34	36.97
城镇	1 072.29	1.30

4.3.4.8 分类结果评价

分类结果的精度评价是进行遥感分类的最后一个重要步骤，是对分类结果可信度的一个度量。

由于遥感影像分类结果与土地利用的实际情况总是存在一定的差距，因此土地利用监督分类之后必须对分类结果的精度进行科学评价。造成误分的原因除了分类错误，还有以下几个因素：①数字化时参考点的错误；②遥感影像配准时的误差；③遥感图像过境时间与野外考察时间存在一定的时间差，某些土地利用已经发生了变化。

用于评价分类精度的指标主要有总准确度、生产者准确度、使用者准确度及 Kappa

系数，其中常用总准确度和Kappa系数来评价分类结果。总准确度是用对角线点数之和除以总样点数，其数值体现的是所有类型综合分类结果的精度。Kappa系数是由统计学者Cowen于1960年提出的，用于评判两个裁判判读结果是否一致。Congalton等将它应用于遥感领域评价航片或卫片和解译结果与验证数据是否一致。

4.3.4.9 快鸟和World View数据分类

高分辨率影像采用面向对象的分类方法进行生态系统分类。基于eCognition的面向对象分类过程包括以下基本步骤：①载入图像数据；②图像分割；③创建分类层次结构；④分类方法的选择和分类知识库的创建；⑤图像的分类与重定义。

为了保证遥感解译结果的精度和面积统计的准确性，研究中用定位精度为亚米级的HD-Q3型手持GPS实地采集地面控制点（GCP），并综合高精度DEM数据对遥感影像进行精确正射校正。选用QB多光谱数据的321波段进行颜色合成，与全色波段数据进行融合，生成分辨率为0.6 m的融合影像，作为辅助数据检查样本的真实性。将WV（2 m分辨率）数据转换成和QB（2.4 m分辨率）一致的空间分辨率，统一数据分辨率，便于图像整合。根据QB和WV多光谱数据的高空间分辨率特性，目视效果良好，各类型光谱信息和纹理信息特征明显，能满足分类要求。

调查组于2011年5月中旬和8月中旬对主城区开展了2次详细的实地调查，实地调查采样数据包括采样点（区）经纬度坐标和相应实况信息，可以作为分类需要的样本和检验数据。调查重点为二环以内主城区植被覆盖情况，兼顾局部郊区植被状况调查。

面向对象的分类方法是一种智能化的自动影像分析方法。面向对象分类方法的操作尺度单元（基于影像对象）不是基于单个像素。现实世界中的对象是指一个地理实体或地理现象，面向对象分类中的对象是指图像分割得到的一块图斑，称为图像对象或图像对象单元，在一定的情况下，也可以是一个地理实体。其分类过程分为三个步骤：影像多尺度分割、特征的选取、监督分类。

由于高清影像数据存储容量较大，兼顾计算机硬件和遥感软件处理数据能力，综合考虑，采取分区解译再拼合的方法（将原有影像先拼接成一幅，再划分多个子影像），同时解决数据超载问题并可合理确定分类规则。

影像分割是将整个影像区域根据同质性异质性标准，分割成若干个互不交叠的非空子区域的过程，每个子区域内部是联通的，同一区域内部具有相同或相似的特性，该特性可以是灰度、颜色、纹理、形状等。分割参数的选择对多尺度影像分割十分重要（直接影响到最后的分类结果精度），每个地物都有其适宜的分割尺度，适宜的分割尺度能将地物类型的边界勾勒得更准确。

图像对象包含了许多可用于分类的特征：波谱特征、形状、纹理、拓扑关系、上下文关系和专题数据等，每一种特征均包含若干指标。灵活运用对象的各种特征，能更好地提取特定地物信息。根据主城区植被覆盖分布和状况，主要利用了影像对象的光谱特征、纹理形状特征、面积特征及拓扑关系等[141]。

选用基于模糊逻辑的最邻近分类法进行地类信息提取。它描述了一个对象基于关系被分配给一种地类的过程，其中关系值为 0～1，0 表示绝对不属于某种地类，而 1 表示绝对从属于某种地类。通过最邻近分类方法定义的环境和算法，最终得到关系值。通过选择地类样本进行最邻近法分类过程。首先，样本对象有可能属于任何类型，然后用分类算法在特性空间中搜索最邻近样本，最后赋予一定的关系值（0～1）。影像对象离被分配到符合某类型的样本特征空间越近，那么其属于某种类型的关系度就较高[142]。

5　重庆市生态系统格局现状调查和评估

5.1　重庆市生态系统格局特征

重庆地域内复杂多变的地形地貌、充沛的水热条件及众多的河流，孕育了丰富的生物多样性。作为第四纪冰川时期生物的优良避难地，重庆保存了许多濒危和特有物种，尤其是渝东北和渝东南地区中生物多样性丰富的区域，是中国 17 个具有全球意义的生物多样性保护关键区域。重庆市总面积为 31.78 万 km^2，分别属于 6 类生态系统，根据其空间分布，各种生态系统类型分布特征见图 5-1。

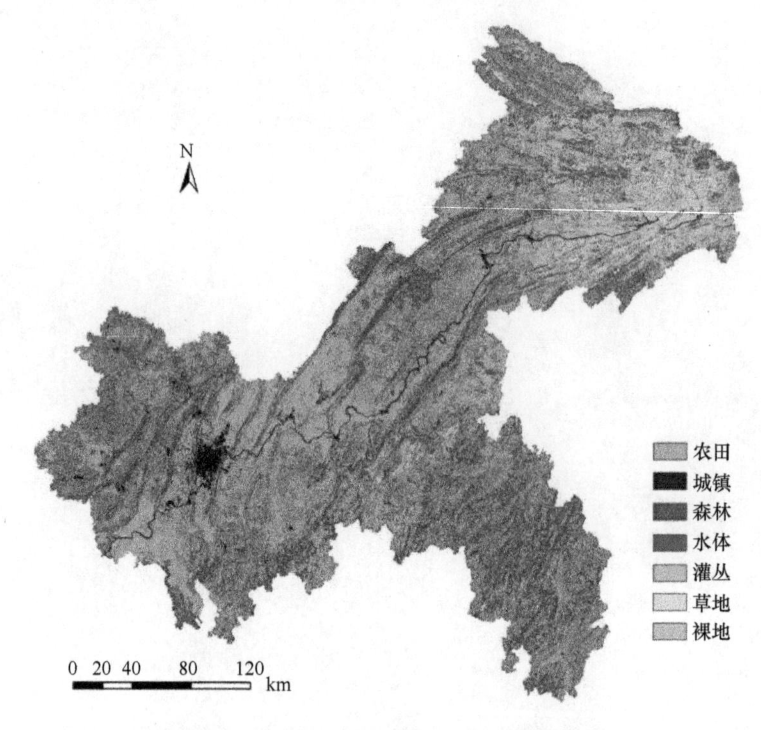

图 5-1　重庆市 2006 年生态系统分布示意图

5.1.1　森林生态系统

重庆市森林主要包括针叶林、阔叶林、竹林三类，主要分布在渝东北大巴山区、渝东南武陵山区、金佛山区、四面山区，以及渝中平行岭谷的山脊，全市森林覆盖率约为32%。在大巴山、武陵山、金佛山、四面山等地，森林垂直带谱明显，从山麓地带向上依次分布有常绿阔叶林、常绿落叶阔叶混交林、落叶阔叶林、针阔混交林、针叶林；由于长年阴湿，落叶阔叶林不成带状分布；小生境多样复杂。

森林生态系统在重庆具有最为丰富的物种多样性，如森林兽类和鸟类，分别占所有统计到的重庆兽类与鸟类总数的83.1%和75.1%，且濒危及特有物种众多，如川金丝猴、黑叶猴、林麝、白冠长尾雉、崖柏、红豆杉、连香树、香果树等。

由于历史上天然林经历过数次乱砍滥伐和毁林开荒，海拔1000 m以下的大部分森林已被破坏。近年来，由于开矿修路、兴修水利水电等大规模开发活动，森林进一步被清除或分割，片段化和岛屿化现象严重，其乔、灌、草、地被层的垂直结构也变得不完整；非木材林产品的过度采集又使其物种资源大量减少，导致物种濒危程度加剧，濒危物种数量增多。

5.1.2 城镇生态系统

重庆作为直辖市辖25区13县，其中都市区（主城九区）是典型的山水城市，其生物多样性较为丰富。在都市区5473 km^2的范围内，4条山脊纵贯城区，长江和嘉陵江在此交汇。都市区有长江上游珍稀特有鱼类国家级自然保护区和缙云山常绿阔叶林国家级自然保护区，以及圣灯山、华蓥山等市级自然保护区，还有若干个国家森林公园、湿地公园、风景名胜区。此外，都市区的核心——渝中半岛还拥有独特的岩壁生态系统。

近年来，国家园林城市建设和森林重庆建设使得全市城市绿地面积进一步扩大，栽培观赏植物种类（品种）大幅增加，不仅丰富了城市景观多样性，也为增加城市物种多样性提供了良好的生境条件。但快速城市化也给生物多样性造成了极大的胁迫，生境破碎化的趋势没有得到有效遏制，都市区“四山”受到的人为干扰严重，城市快速扩张、旅游开发、铁路和公路隧道建设等都对其造成了不利影响，“四山”中的中梁山等局部区域植被衰退、生境破碎化已较为明显，目前残存的常绿阔叶林是“四山”植被恢复演替的重要种源地，其植被保护仍面临着严峻的威胁。

5.1.3 农业生态系统

重庆市农业生态系统面积约为3.5万km^2，占总面积的36%以上，可分为三大区域，即渝西方山丘陵农业生态系统、三峡库区山地农业生态系统、渝东南喀斯特山地农业生态系统。农业区域人口稠密，年播种面积为3.14万km^2，复种指数为2.22。全市农业栽培植物和家养动物遗传多样性丰富，多种传统的养殖模式颇具特色，如稻-

麦、水稻-油菜、玉米-红薯-小麦、水果-蔬菜间作等和多年来推行的鸭-鱼混养、蚕-鱼-桑、稻-鱼-林-鸟等。

近年来，农村面源污染、农作物品种单一化的现象已使农业生态系统的稳定性和抗逆性持续下降。由于农家肥使用减少，化肥施用量逐年上升，农业增产严重依赖化肥，畜禽养殖对人工饲料的依赖也逐步增强。以农药、化肥、农用薄膜、畜禽粪便为代表的面源污染已使农业生态系统遭受破坏，并导致土壤退化，使生物链受到严重影响，农田有益或经济动物减少，如以前在农田中常见的秧鸡，近年来已难觅踪迹；优良的传统农作物与畜禽品种消失，农业生态系统中的野生鸟类、鱼类和昆虫等物种及种群数量减少。

5.1.4　湿地生态系统

重庆湿地面积约为2405 km^2，占全市土地面积的2.92%。全市湿地可分为自然湿地和人工湿地两大类型，共 11 个亚型。最具特色和魅力的湿地有三峡库区消落带湿地、喀斯特沼泽湿地和山地溪源湿地等。

其中，三峡库区消落带湿地面积达 348.93 km^2，涉及巫山、巫溪、奉节、云阳、开县、万州等 22 个区县。喀斯特沼泽湿地总面积达 200 km^2 以上，主要分布于渝东北城口县九重山、巫溪县红池坝、巫山县五里坡、开县雪宝山和渝东南武隆县仙女山、南川区金佛山的亚高山区域，具有极大的科研价值。重庆的许多河流、溪流发源于周边山地，从而在河溪源头区域形成了独具特色的溪源湿地。

据初步统计，重庆湿地中有高等维管植物 84 科、236 属、377 种，野生动物 70 科、215 属、404 种。濒危的湿地植物有水杉、野菱、浮叶慈姑等，重要的湿地动物有胭脂鱼、中国大鲵、巫山北鲵等。重庆湿地类型多、物种丰富，具有很高的科学意义和保护价值。湿地生态系统的稳定不仅关系到湿地动植物的生存，而且对维护三峡库区的生态安全也具有极其重要的作用。

5.1.5　灌丛生态系统

重庆市灌丛类型众多，按植被类型划分，共有常绿针叶灌丛、常绿革叶灌丛、落叶阔叶灌丛、常绿阔叶灌丛、灌草丛五大类。既有适应低温、大风的亚高山原生灌丛，适应河流边岸生境的河岸灌丛，也有森林破坏后形成的次生灌丛。在三峡库区和渝东南喀斯特区域，有些灌丛生长在森林难以发育的地方，还有不少成为相对稳定的次生植被，这些原生和次生的灌丛植物类型已成为这些区域较为常见的现存植被类型。

各类型灌丛是极为重要的、仅次于森林的动物栖息地，在自然环境保护工作中，灌丛在生物多样性保护中的重要性往往被人们忽略。实际上，重庆市 57.5%的兽类物种和62.7%的鸟类物种栖息在灌丛环境中。由于长期以来人为活动强度较大，现存的灌丛多分布在低海拔处，环境条件差异较大，人口密集，数十年来强烈的人为干扰活动对灌丛生物多样性产生了强烈的影响。

5.1.6 草地生态系统

重庆市的草地生态系统共9类，其中最重要的大巴山、阴条岭、五里坡、雪宝山、金佛山等海拔2000 m以上的亚高山草地，是我国中低纬度区域面积最大、保存最原始的亚高山草甸，生物多样性丰富，具有重要的科研价值，还起着涵养水源的作用。

市域内的草地生态系统是同纬度地区野生兰科植物分布最为集中的地区之一，是我国重要的兰科植物种质资源基地。草地生态系统进一步丰富了重庆市域内的环境异质性，并大大增加了亚高山动植物区系的成分，如藏鼠兔、小云雀、高山杜鹃花、石斛、贝母等；这些草甸生态系统目前尚未受到人类活动的过度干扰，但近年来旅游资源开发已对该类型的生态系统产生了一些不利影响。

5.2 重庆市生态系统格局演变

重庆地区森林和灌丛生态系统质量整体状况一般，总体上呈现东高西低的趋势、由东到西递减的特征。其中质量较高的区域主要分布在东部大巴山、巫山、大娄山高海拔地区（图5-2A）。研究区2011年平均生态系统质量为34.80，其中森林生态系统平均质量最高，灌丛生态系统次之，空间差异明显。2011年生态系统质量为RBD＞80的生态系统占总自然生态系统面积的9.6%，质量为60＜RBD＜80的占7.3%，质量为20＜RBD＜40与RBD＜20的比例分别为18.2%和38.3%。位于高海拔山区的森林生态系统，植被组成以亚热带常绿阔叶林为主，受人类活动影响较少，其生态系统质量较高，为38.3，其次为常绿阔叶灌丛，生态系统质量为35.7。

由图5-2B可以发现，近10年来生态系统质量明显增加的区域主要分布在巫山、大娄山、武陵山一带。生态系统质量明显减少的区域分布比较零散，主要分布于主城区附近及西部金佛山地区，东北部大巴山的部分地区。通过生态系统质量变化统计分析得知，RBD＞60的高等生态系统质量呈现增长趋势，面积比例共增加了3.3%。而RBD＜40的低等生态系统质量呈现降低趋势，面积比例共减少了10.5%。结果表明，研究区整体生态环境呈良性发展趋势，并对下游三峡库区的生态环境保护起到了积极作用。

5.2.1 重庆地区生态系统格局现状

重庆地区总面积为8.26万km^2，主要包括7类生态系统。根据其空间分布，得出各

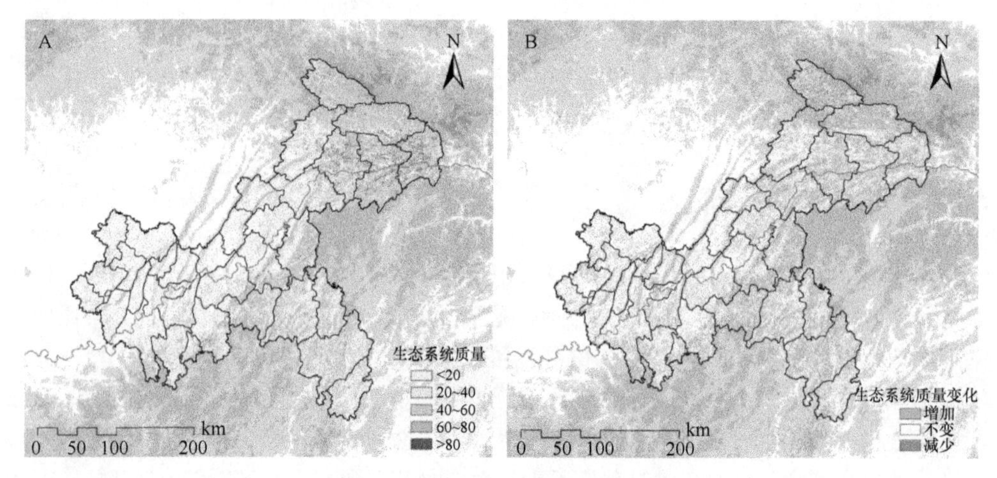

图 5-2　重庆市生态系统质量空间分布、质量变化示意图
A. 重庆市 2011 年生态系统质量空间分布；B. 重庆市 2000～2011 年生态系统质量变化

种生态系统类型分布特征（图 5-1）。森林生态系统特征：植被特征表现为常绿阔叶林、次生、暖性针叶林、竹林，以亚热带常绿阔叶林最为明显。分布的位置主要是周边的山区，面积为 32 138.4 km^2，占整个地区面积的 38.9%。森林以马尾松为主，依次为栎类、柏木、杉木，因受地形、人为干扰等因素影响，分布区域表现出一定的差异性。灌木生态系统特征：植被特征表现为常绿阔叶灌丛等类型。其空间分布主要是周边的低山区，面积为 13 619.0 km^2，占整个地区面积的 16.5%。草地生态系统特征：整个地区范围内草地均有零星分布，主要分布于低山区和丘陵区，总面积较低，为 1890.2 km^2，占整个流域面积的 2.3%。湿地生态系统特征：湿地类型丰富多样，有湖泊、河流、水库等。目前流域内湿地总面积为 1254.4 km^2，占整个流域面积的 1.5%；湿地生态系统基本呈现均匀分布，呈块状或沿河流条状分布，比较集中的区域是在重庆主城区河流交汇的位置。城镇生态系统特征：城市化规模较大，集中了我国大、中、小各种城市。受地形影响，大部分的城镇集中分布在河流交汇处的平原位置。总面积为 1051.4 km^2，占整个流域面积的 1.3%。农田生态系统特征：在西部地势平缓的平原和丘陵地带分布着大量农田生态系统类型。主要以旱地和水田的方式存在，面积为 32 333.0 km^2，占整个地区面积的 39.2%。裸地生态系统特征：裸地在整个地区均有分布，面积为 279.2 km^2，占整个地区面积的 0.3%。

5.2.2　重庆地区生态系统格局的时空变化

5.2.2.1　重庆地区生态系统类型及结构

重庆地区 2011 年主要生态系统类型是农田和森林生态系统，其面积比例分别为 39.2%和 38.9%（表 5-1）。近 10 年来生态系统变化较为明显。森林面积增加了 2.58%，灌木和草地分别增加了 0.11%和 0.56%。农田生态系统变化最为显著，减少了 3.30%。

同时，城镇和水体变化较小，仅分别增长了0.21%和0.04%（表5-1）。

表5-1 重庆地区生态系统类型面积（km^2）和比例（%）

生态系统类型	面积（2000年）/km^2	比例/%	面积（2006年）/km^2	比例/%	面积（2011年）/km^2	比例/%
森林	30 007.2	36.3	31 150.7	37.7	32 138.4	38.9
灌木	13 528.6	16.4	12 750.5	15.4	13 619.0	16.5
草地	1 424.4	1.7	1 511.2	1.8	1 890.2	2.3
农田	35 057.6	42.5	34 447.2	41.7	32 333.0	39.2
裸土	446.4	0.5	434.7	0.5	279.2	0.3
城镇	880.0	1.1	989.2	1.2	1 051.4	1.3
水体	1 221.2	1.5	1 281.8	1.6	1 254.4	1.5

重庆地区生态系统近10年来变化较大，且空间分布不均。生态系统类型发生变化的地区主要集中在东北部、中部的山区和西部河流交汇地带。2000～2011年，农田生态系统为主要变化类型，不同类型生态系统的增加或减少占到了总变化的31.91%。同时，森林生态系统变化主要发生在东北部山区，总变化比例达到21.87%。不同生态系统类型变化趋势不尽相同。其中，森林、灌木、草地、城镇和水体为净增长趋势，农田和裸土为净减少趋势。

根据重庆2006年和2011年2期生态系统类型的统计结果（表5-2），2006～2011年，森林覆盖率由21.14%提高到26.62%，增幅比例为5.48个百分点。同时城市不透水地面比率增加了2.52%，其余覆盖类型都有不同程度的降低，裸地比例减少了2.01%，灌丛比例减少了1.68%，草地比例减少了4.28%，水体基本不变。表明过去的几年，尽管重庆市城市化进展加速，但森林覆盖率的增速更大，城区森林工程的实施效果十分明显。但森林、灌丛与草地三种类型的面积总和有所下降，由2006年的39.97%下降到2011年的39.49%，城区总绿化面积比例有所降低，这种现象值得关注。

表5-2 重庆市主城区2006年和2011年生态系统结构及其变化趋势

生态系统类型	2006年		2011年		2006～2011年	
	面积/hm^2	比例/%	面积/hm^2	比例/%	净变化量/hm^2	净变化率/个百分点
不透水地面	743.84	37.45	793.82	39.97	49.98	2.52
裸地	284.35	14.32	244.43	12.31	–39.92	–2.01
森林	419.79	21.14	528.70	26.62	108.91	5.48
灌丛	159.91	8.05	122.60	6.37	–37.30	–1.68
草地	214.06	10.78	129.04	6.50	–85.02	–4.28
水体	164.07	8.26	163.45	8.23	–0.62	–0.03

5.2.2.2 农村森林工程分布格局评估

根据美国陆地卫星TM影像的解译结果，在农村森林工程的实施范围内，2006～

2011年，森林覆盖率由37.68%提高到40.59%，增加了2.91个百分点，净增面积2177.76 km²，表明农村森林工程实施效果明显。新增的森林中，主要来自于灌丛、农田等类型，分别占新增森林面积的59.02%和36.08%（表5-3）。

表5-3 2006～2011年农村森林工程生态系统类型面积变化

生态系统类型	2006年		2011年	
	面积/km²	百分比/%	面积/km²	百分比/%
森林	28 214.67	37.68	30 392.43	40.59
灌丛	13 658.40	18.24	13 731.79	18.34
草地	1 590.65	2.12	1 861.68	2.49
水体	405.39	0.54	380.87	0.51
农田	30 064.03	40.15	27 681.57	36.97
城镇	459.21	0.61	486.73	0.65
裸地	481.13	0.64	338.41	0.45

5.2.2.3 通道森林工程分布格局评估

根据美国陆地卫星TM影像的解译结果，在通道森林工程的实施范围内，2006～2011年，森林覆盖率由25.34%提高到27.39%，增加了2.05个百分点，净增面积59.66 km²，表明通道森林工程实施效果明显。新增的森林中，主要来自于灌丛、农田等类型，分别占新增森林面积的49.96%和43.01%（表5-4）。

表5-4 2006～2011年通道森林工程生态系统类型面积变化

生态系统类型	2006年		2011年	
	面积/km²	百分比/%	面积/km²	百分比/%
森林	735.48	25.34	795.14	27.39
灌丛	347.24	11.96	361.29	12.45
草地	46.15	1.59	57.67	1.99
水体	64.92	2.24	62.48	2.15
农田	1499.26	51.65	1416.35	48.79
城镇	197.40	6.80	201.44	6.94
裸地	12.34	0.43	8.42	0.29

5.2.2.4 水系森林工程分布格局评估

根据美国陆地卫星TM影像的解译结果，在水系森林工程的实施范围内，2006～2011年，森林覆盖率由17.35%提高到19.64%，增加了2.29个百分点，净增面积73.38 km²，表明水系森林工程实施效果明显。新增的森林中，主要来自于灌丛、农田等类型，分别占新增森林面积的49.58%和35.80%（表5-5）。

表 5-5 2006～2011 年水系森林工程生态系统类型面积变化

生态系统类型	2006 年		2011 年	
	面积/km^2	百分比/%	面积/km^2	百分比/%
森林	557	17.35	630.38	19.64
灌丛	297.68	9.27	303.93	9.47
草地	45.6	1.42	62.3	1.94
水体	992.21	30.91	972.06	30.28
农田	1177.92	36.69	1113.39	34.68
城镇	117.62	3.66	118.14	3.68
裸地	22.43	0.70	10.26	0.32

分析水系沿线森林面积的变化情况可以发现，距离河道越近，森林覆盖率越高，尤其是距离主要河道 50 m 的范围内，森林覆盖率最高。与 2006 年相比，2011 年新增的森林在距离水系 30 m、60 m 和 150 m 的范围内增长幅度较大，分别增长了 5.11 km^2、3.66 km^2 和 4.31 km^2，分别约占总增长的 11.45%、8.20%和 9.66%。由于这个范围多在河两岸第一层山脊以内，水系森林工程的实施效果符合规划的要求。

根据 TM 遥感图像解译的结果，农田、森林与灌丛是重庆市的主导生态系统类型，而草地、城镇、水体与裸地所在面积比例较小。不同的生态系统空间分布存在差异，灌丛、草地主要分布在渝东北和渝东南的高山地区，城镇、农田主要分布在渝中和渝西的平原地区（图 5-3）。

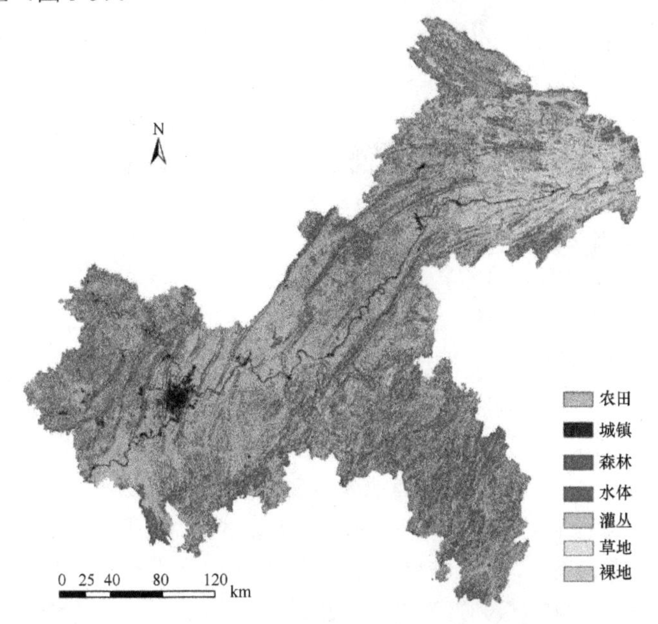

图 5-3 重庆市 2011 年生态系统示意图

比较重庆市2006年和2011年2期生态系统面积的统计结果可以发现，2006～2011年，重庆市森林覆盖率由36.12%增加到38.91%，提高2.79个百分点，净增森林面积2305.9 km^2（图5-4），表明重庆市森林工程的实施效果明显。

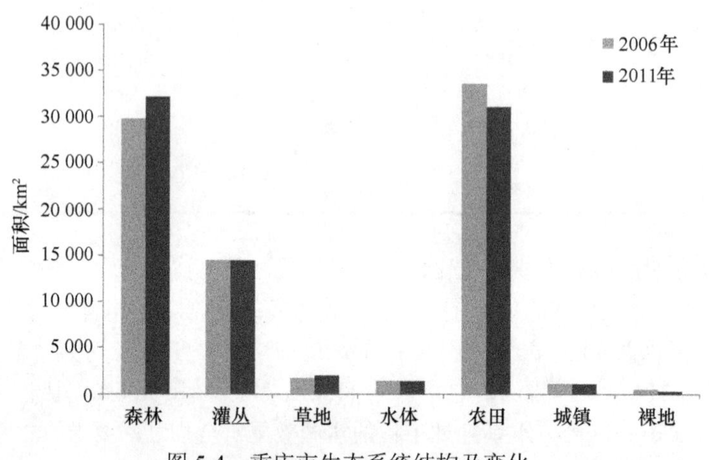

图5-4　重庆市生态系统结构及变化

从其他覆盖类型来看，农田、裸地和水体的面积逐渐减少，草地、城镇和灌丛的面积逐渐增加。2006～2011年，农田面积减少了3.06%，裸地面积减少了0.19%，水体面积减少了0.06%；草地面积增加了0.36%，灌丛面积增加了0.10%，城镇面积增加了0.06%。森林和农田作为景观基质，对整体景观也有较大的贡献，它们之间的相互转变对重庆的景观格局和生态功能有决定性的作用（表5-5）。

5.3　基于遥感的生态质量评价

5.3.1　重庆市生物量估算

重庆市地上生物量空间分布如图5-5所示，重庆市地上生物量总量为28 252.7万t，平均单位生物量为34.2 t/hm^2。重庆市植被生物量整体分布格局是东高西低（图5-5）。渝东北和渝东南明显高于渝中和渝西。其中，渝东北和渝东南有较高的生物量主要是因为该区域海拔较高，坡度较陡，而且人口较少，其自然生态系统的保护较为完整，受人类活动干扰较少。而渝中和渝西地区为主要的农业和工业生产基地，人口较多，经济发展较快，地势平坦，交通方便，原有的自然生态系统除了高山山脉地区保存完好外，其余基本遭到破坏，故生物量总体较低。叠加生态系统类型于生物量之上分析，发现森林生态系统生物量最高，其次为灌丛、草地、农田生态系统等。生物量较高的区域主要分布在受人类活动影响较轻的边缘山地和高山地区，从西至东如北碚缙云山、江津四面山、南川金佛山、涪陵武陵山、渝东北大巴山。

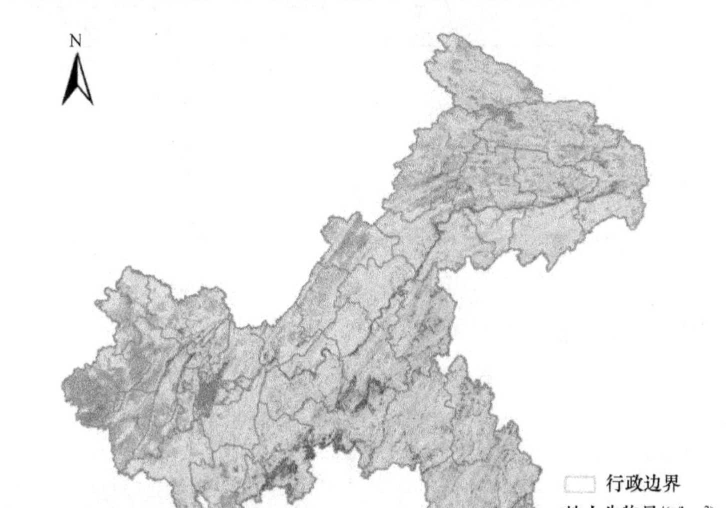

图 5-5 重庆市森林地上生物量空间分布图

通过统计分析，重庆市森林生态系统生物量总量为 13 878.1 万 t，平均单位面积生物量为 45.6 t/hm^2，是重庆市平均地上生物量的 1.3 倍。空间上表现为南高北低，渝东南地区较高，最高值为 222.29 t/hm^2，出现在渝东南混交林中；其次是渝东北地区，渝中地区最低。

5.3.2 重庆市森林质量评估

森林质量评估结果表明，2011 年重庆市森林生态系统中，优质等级的森林面积为 2510.85 km^2，约占森林总面积的 8.25%，良好等级的比例为 23.05%（表 5-6，表 5-7），优、良两个等级的森林主要分布在渝东南及与东北的小部分地区；中等质量的森林面积最大，占总面积的 37.1%，差等与劣等森林面积占 31.6%，这些等级的森林主要分布在重庆中部及西南地区。

表 5-6 重庆地区生态系统质量面积变化

生态系统质量	2000 年		2011 年		2000～2011 年	
	面积/km^2	比例/%	面积/km^2	比例/%	面积变化/km^2	比例变化/个百分点
RBD<20	19 976.4	41.6	18 365.1	38.3	−1 611.3	−3.3
20<RBD<40	12 132.6	25.3	8 749.1	18.2	−3 383.6	−7.1
40<RBD<60	9 375.4	19.5	12 724.9	26.5	3 349.6	7.0
60<RBD<80	2 417.3	5.0	3 520.8	7.3	1 103.6	2.3
RBD>80	4 077.8	8.5	4 619.6	9.6	541.8	1.1

表 5-7　重庆市森林质量等级评估

等级	2011 年所有森林面积/km²	比例/%	2006～2011 年新增森林面积/km²	比例/%
劣	226.59	0.74	46.23	1.89
差	9 393.84	30.86	917.38	37.48
中	11 294.69	37.10	1 000.83	40.89
良	7 017.14	23.05	363.76	14.86
优	2 510.85	8.25	119.56	4.88

从 2006～2011 年新增的森林生态系统中，中等以上等级的森林面积为 483.32 km^2，占 2011 年中等以上等级森林面积的 5.07%，重庆森林工程的实施为重庆市森林质量的整体提升做出了一定贡献。但中等与差等所占的比例分别为 40.89%和 37.48%（图 5-6），新增森林生态系统整体质量偏低，需要加大恢复力度，促进森林质量的提升。

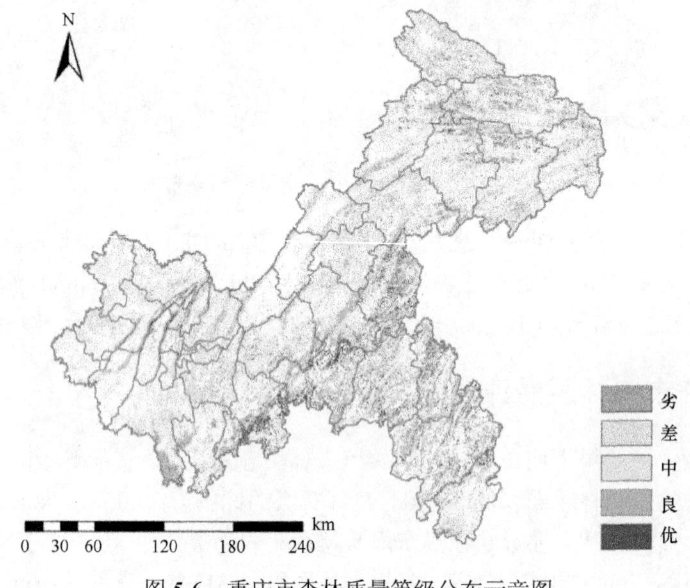

图 5-6　重庆市森林质量等级分布示意图

5.3.3　重庆市植被覆盖度估算

从图 5-7 可知，重庆市植被覆盖度高的区域主要分布在中部、东南部和东北部的高山地区，总体特征表现为东高西低。重庆市植被覆盖度低的区域主要分布在西部平原区。近 5 年重庆市植被覆盖度总体呈现出增长趋势，植被覆盖度较高区域（绿色部分）的面积明显增加，而植被覆盖度较低区域（黄色部分）的面积明显减少。2009 年整体年均植被覆盖度达到最佳，当年平均覆盖度约为 64.32%。图 5-8 为重庆市

2006～2011 年植被覆盖度变化曲线。大于 60%的植被覆盖度面积呈现明显的波浪形增加趋势，其中以 70%～80%的植被覆盖度面积变化最大，小于 60%的植被覆盖度面积呈现明显的波浪形减少趋势，其中以 40%～50%的植被覆盖度面积减少最大。2006～2010 年重庆市植被覆盖度呈现出由低等覆盖度（小于 60%）向高等覆盖度（大于 60%）面积转化的趋势，表明研究区的生态环境呈良性发展，并对三峡库区的生态环境保护起到了积极作用（图 5-8）。

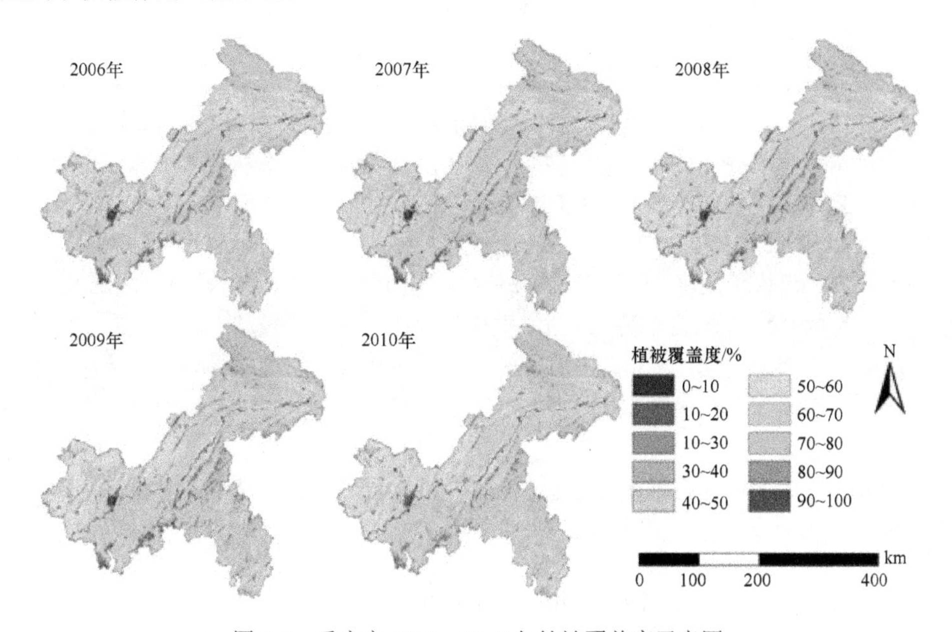

图 5-7 重庆市 2006～2010 年植被覆盖度示意图

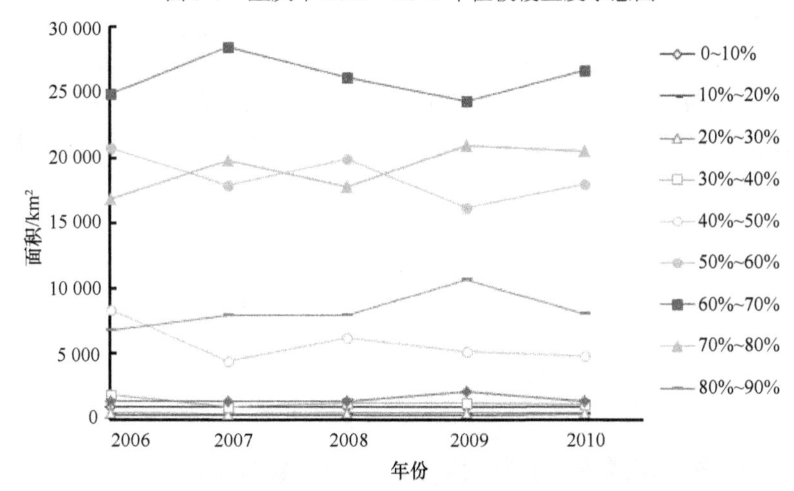

图 5-8 重庆市 2006～2010 年植被覆盖度变化曲线

5.4　重庆市生态系统格局演变驱动因子分析

5.4.1　重庆市生态系统格局自然成因

重庆地处东西南北交汇地带，陡峻的山地和复杂多变的自然环境，使这里成为第四纪冰川时期生物的优良避难地，也使得重庆的动植物区系成分复杂、物种丰富、起源古老、特有性强。

从植物区系来看，重庆处于中国-日本森林植物亚区与中国-喜马拉雅森林植物亚区的交接带，具有中国全部 15 个种子植物的地理成分。从动物区系来看，处于古北界动物区系向东洋界动物区系的过渡带范围内，且是高原脊椎动物向平原脊椎动物的过渡区，具有上述各动物区系的组成成分。

重庆北有大巴山，东有巫山，东南有武陵山，南有大娄山，地形大势由南北向长江河谷倾斜，起伏较大。地貌以丘陵、山地为主，还分布着石林、峰林、峰丛、溶洞、峡谷等典型的喀斯特地貌景观。同时，重庆境内江河纵横，长江干流自西向东横贯全境，嘉陵江自西北而来，三折入长江。长江干流重庆段，汇集了嘉陵江、渠江、大宁河等主要次级河流及众多的支流河溪，加上长寿湖、大洪湖等湖泊，形成复杂的水系网络。

此外，重庆属亚热带季风性湿润气候，夏热冬暖，湿润多阴，气温高，雨季长，霜雪少，阴天多，湿度大。

5.4.2　重庆市生态系统格局形成的人为因素

5.4.2.1　人口数量

人口的过快增长，对社会、经济和资源造成了巨大的压力。为了满足人口数量增加对占地的需求，区域城市用地迅速增加，2006～2011 年城市斑块平均面积指数持续增加、边界密度持续减少，说明单个城市的面积在不断地向外围扩张；城市聚集度指数和结合度指数也不断增加，说明城市的发展趋于集中，城市连通性增加。随着城市面积的增加，受影响最大的是湿地，期间湿地斑块平均面积指数减少、边界密度指数增加，结合度指数减少，说明湿地在人类活动干扰下面积减少，连通性下降，斑块组成趋于破碎化。

5.4.2.2　经济发展

2011 年重庆市国内生产总值为 529 796.67 亿元，按常住人口计算，全市人均生产总值为 20 125 元，地方财政收入达到 978.34 亿元。全社会固定资产投资达到 4247.26

亿元，非国有投资、地方投资保持旺盛势头。重庆具有大城市、大农村、大库区的特殊市情，随着城乡统筹力度的不断加大，城镇化率逐年提高，城镇人口数量激增，带来了环境污染加剧、热岛效应增强等一系列生态环境问题。重庆城市社会经济发展和城市建设所面临的主要生态环境问题包括水资源短缺与水环境污染、城市容积率过高、大气颗粒物污染、城市热岛效应加强、水土流失及农村生态环境恶化等，这些生态环境问题目前已成为重庆市发展的重要障碍。

5.4.2.3 政策因素

历史上，对森林资源长期掠夺性的开采，导致流域内原生森林遗失殆尽，现有仅存的一些次生林和灌木大部分分布在西部和北部山区，形成了以森林和草地为主的生态系统格局。重庆市自 2000 年实施退耕还林工程以来，截至 2008 年，累计完成国家下达重庆市退耕还林任务 1702 万亩，其中退耕地还林 661 万亩，荒山荒地造林 846 万亩，封山育林 100 万亩，灾后失败地造林 95 万亩，工程已累计投入 113.7 亿元。2006～2011 年森林面积增加，草地面积也保持增加，说明政策的实施取得了明显的效果。对于农田而言，部分区域由于经济发展的需求增加，城市用地、道路等占用耕地的情况依然是不可避免的。

由上述分析可见，海河流域生态系统格局变化的主要驱动因素是人口数量的增加、经济的发展、城市化和政策影响。

6 基于野外调查的生态质量调查与评估

6.1 基于野外调查的群落尺度生态质量评估

6.1.1 城市森林生态工程调查结果

6.1.1.1 树木种类

城区森林工程绿地中植物种类组成调查。根据现场调查，主城区森林工程调查范围内共有维管束植物 120 种，其中灌木种类较多，有 48 种，占调查区维管植物物种总数的 40%；藤本植物种类 11 种，占总数的 9.17%；乔木和草本植物种类数相当，分别为 30 种和 31 种，各占 25%和 25.8%。

主城区森林工程主要维管束植物，出现频率较高的乔木树种有银杏、黄葛树、小叶榕、广玉兰、天竺桂、杜英、桂花、樱花、乐昌含笑、香樟等 10 多种，其中银杏、香樟与桂花在调查样方中的出现频率在 20%以上，黄葛树与天竺桂在样方中的出现频率在 10%以上。出现频率较高的灌木树种有红花檵木、金叶女贞、红叶李、杜鹃、八角金盘、木芙蓉、紫薇、海桐等，其中金叶女贞在调查样方中的出现频率在 20%以上，红花檵木、红叶李与杜鹃的出现频率在 10%以上；草本植物有麦冬、结缕草、马蹄金与葱莲等，其中结缕草的出现频率在 20%以上，麦冬与葱莲的出现频率在 10%以上；藤本植物主要是爬山虎，出现频率为 3%。

对所调查的不同绿地类型中的植物种类进行统计（表 6-1）可知，城市道路绿地

表 6-1　主城区森林工程不同绿地类型中的植物种类组成

绿地类型	植物种数	植物类型					入侵种**
		乔木	灌木	木本	草本	藤本	
道路绿地	63	14	21	35	6	1	20
城市公园	57	10	21	31	5	0	21
单位附属绿地	53	11	19	30	8	0	14
立体绿化	25	2	12	14	1	5	4
立交桥绿地	45	10	14	24	5	2	14
城市组团隔离带	36	13	4	17	8	1	10
城市小片森林*	37	8	6	14	21	2	—

*城市小片森林基本为原有城市植被，属于地带性原生植被；**入侵种为森林工程建设非目标种，主要为草本植物

应用植物种类较多，木本植物 35 种；立体绿化由于其特殊性，藤蔓植物应用较多，有 5 种，而木本植物种类以花灌木为主。

区县森林工程绿地中植物种类组成调查。根据调查统计，区县森林工程调查范围内共有维管束植物 187 种，其中灌木种类较多，有 75 种，占调查区维管植物物种总数的 40.11%；乔木其次，有 46 种，占总数的 24.60%；藤本植物最少，仅为 6 种，占总数的 3.21%；入侵的草本植物则较多（表 6-2）。

表 6-2 区县森林工程不同绿地类型中的植物种类组成

行政区	绿地类型	植物种数	植物类型					入侵杂草
			乔木	灌木	木本	草本	藤本	
开县	道路绿地	27	6	15	21	5	1	0
	公园绿地	47	12	25	37	5	2	3
	单位附属绿地	14	3	8	11	1	2	0
	小计	64	16	35	51	7	3	3
铜梁县	道路绿地	15	2	8	10	2	0	3
	公园绿地	28	9	11	20	5	3	0
	单位附属绿地	19	7	8	15	2	2	0
	小计	42	13	20	33	6	0	3
万州区	道路绿地	32	10	14	24	1	0	7
	公园绿地	38	7	18	25	6	0	7
	单位附属绿地	23	4	12	16	3	0	4
	立交桥绿地	43	11	19	30	3	0	10
	小计	71	20	31	51	6	0	14
巫溪县	道路绿地	28	11	14	25	3	0	0
	公园绿地	48	22	15	37	4	1	6
	小计	62	26	22	48	7	1	6
永川区	道路绿地	26	9	12	21	3	0	2
	公园绿地	27	4	15	19	1	0	7
	单位附属绿地	41	9	16	25	4	0	12
	小计	68	17	32	49	5	0	14
酉阳土家族苗族自治县	道路绿地	39	9	21	30	6	1	2
	公园绿地	57	18	26	44	5	2	6
	小计	76	19	39	58	7	3	8
涪陵区	道路绿地	48	13	9	22	5	1	20
	公园绿地	18	3	2	5	1	0	12
	立交桥绿地	17	8	3	11	2	0	4
	小计	61	17	12	29	6	1	25

对所调查的各区县不同绿地类型中的植物种类进行统计可知，大部分区县公园绿地应用植物种类较多，而道路绿地森林工程建设相对于其他绿地类型要好，均有较好的景观大道。

6.1.1.2　树木规格

城区森林工程建设以乔木栽植为主。对栽植的主要乔木规格进行统计（表 6-3），可知：乔木胸径、高度和冠幅随年份逐年增大，尤以 2011 年森林工程建设用树为最。以银杏为例，胸径在 21.6～74.0 cm，高度为 11.5～23.8 m，冠幅大小不一；且径级差异较大，胸径＜25.0 cm 的银杏数量约占 10%，胸径在 25.1～35.0 cm 的约占 18%；胸径在 35.1～45.0 cm 的约占 45%，胸径＞45 cm 的约占 27%。而香樟则随着胸径增大，冠幅普遍偏小，与植物栽植时枝叶要求重修剪及后期养护偏差有关。

表 6-3　森林工程建设主要应用乔木规格统计

植物种类	高度/m	胸径/cm	冠幅/m
银杏	11.5～23.8	21.6～74.0	3.5～8.6
香樟	5.2～12.6	8.2～26.3	3.4～5.6
广玉兰	4.8～6.3	6.8～19.3	4.2～5.9
小叶榕	5.8～7.0	9.3～22.0	4.5～6.6
垂柳	4.8～5.0	11.0～13.0	3.8～4.2
重阳木	5.8～8.0	9.0～11.0	3.0～4.2
杜英	3.5～4.8	4.0～8.5	2.5～3.5
天竺桂	4.5～5.6	11.4～13.0	2.5～4.4
雪松	5.8～8.0	8.2～17.5	4.3～4.7
桂花	3.4～3.8	11.7～12.2	3.4～3.7
黄葛树	8.5～9.5	32.0～67.3	5.1～7.5
红叶李	5.6～5.8	8.0～8.8	2.1～2.5
乐昌含笑	8.9～11.0	19.5～32.1	3.7～8.3
楠木	7.6～13.6	4.0～13.8	1.8～3.6

6.1.1.3　栽植密度

根据调查统计，近年来城区森林工程建设中植物栽植密度普遍偏大，主要表现在：乔木株行距普遍在 2～3.5 m，每 100 m^2 样方内乔木栽植数普遍在 6～15 株。如天宫大道道路绿地在 100 m^2 样方内共栽植雪松和银杏 8 株；高九路绿地样地 1 中栽植天竺桂 6 株，另一样地中有乔木 13 株，即重阳木 4 株、桃树 4 株、杜英 3 株、构树 2 株；而涪陵区滨江路电力集团公司对面的道路绿地，在 100 m^2 样方内共栽植乔木 23 株，其中胸径在 25 cm 左右的乐昌含笑 3 株，胸径在 7～8 cm 的楠木 23 株。

6.1.1.4 植物配置

根据对城区森林工程建设情况调查统计，近年来主要用于城区绿化的植物有 24 种，其中乔木 10 种，即银杏、黄葛树、小叶榕、广玉兰、天竺桂、杜英、桂花、樱花、乐昌含笑、香樟等；灌木 10 种，即红花檵木、金叶女贞、红叶李、杜鹃、黄槐决明、八角金盘、小蜡、木芙蓉、紫薇、海桐等；草本 2 种，即麦冬、蝴蝶花；藤本植物 2 种，即云南黄素馨、常春油麻藤等。

植物配置比较单一，乔木以银杏、黄葛树、小叶榕及天竺桂为主，灌木则以红叶李、金叶女贞、毛叶丁香和红花檵木为主，草本中以八角金盘和麦冬应用较多，且大部分区域以矮化灌木植物作为地被物，导致植物配置以乔-灌为主，严格意义上的乔-灌-草配置偏少；随着广玉兰、桂花、樱花、黄花槐、红叶李、红花檵木、木槿、紫薇和木芙蓉等开花植物的应用，丰富了不同季节的城市景观。

因大量栽植落叶树种银杏，部分区县引种复羽叶栾树、黄葛树，植物配置后的群落外貌特征主要表现为阔叶林，有部分地段以棕榈科、针叶植物为主构建针阔混交林和热带植物景观。

6.1.1.5 现状评价

1）物种组成状况

城区森林工程物种组成具有如下特点。

区县森林工程较城区森林工程物种丰富。主城区森林工程调查范围内共有维管植物 120 种，区县森林工程调查范围内共有维管植物 187 种，均表现为灌木种类较多，乔木其次，草本应用较少。

木本植物较为丰富，草本植物较为单一。城区森林工程建设近年来主要用于城区绿化的植物有 24 种，而乔木以银杏、黄葛树、小叶榕及天竺桂为主，灌木则以红叶李、金叶女贞、毛叶丁香和红花檵木为主，草本中八角金盘和麦冬应用较多，其栽植数量占总栽植数量的 60%以上。且城区森林工程以乔木和灌木为主，草本植物较为单一，除去入侵杂草，木本植物比例高达 90%。

入侵植物较多。据统计，调查区有葎草、紫茉莉、土荆芥、蒿、牛筋草、飞蓬等杂草侵入，严重影响了城区植物群落景观，这主要是森林工程后期管理不善所致。

2）长势状况

现状调查表明，森林工程栽种植物的成活率高、长势较好，均已成林，林下物种较为丰富。这与所选的银杏、小叶榕、天竺桂、红叶李、红花檵木等树种能适应重庆的气候、土壤环境有关。

3）树型大小、种植密度与搭配

城区森林工程所选物种主要为木本的乔木和灌木树种，很少涉及草本植物。树型大小与搭配情况如下。

树种规格偏大。树种多为长势较好的成年树种，但规格有越栽越大的趋势。以银杏为例，胸径在21.6～74.0 cm，高度为11.5～23.8 m，冠幅大小不一；且径级差异较大，胸径＜25.0 cm的银杏数量约占10%，胸径在25.1～35.0 cm的约占18%；胸径在35.1～45.0 cm的约占45%，胸径＞45 cm的约占27%。

种植密度偏大。据调查，近年来城区森林工程建设中植物栽植密度普遍偏大，乔木株行距普遍在2～3.5 m，每100 m^2样方内乔木栽植数普遍在6～15株。

植物配置较单一，植物景观有相应改善。城区森林工程主要栽种乔木和灌木，林下草本层物种较少。乔木以银杏、黄葛树、小叶榕及天竺桂为主，灌木则以红叶李、金叶女贞、毛叶丁香和红花檵木为主，草本中八角金盘和麦冬应用较多，且大部分区域以矮化灌木植物作为地被物，导致植物配置以乔-灌为主，严格意义上的乔-灌-草配置偏少；随着部分地段开花植物、针叶树种及棕榈科植物的应用，有效地丰富了不同季节的城市景观。

6.1.1.6　预测评价

森林工程实施已有3年时间，根据现状调查和分析，预测5年后森林工程状况如下。植物长势较好，群落郁闭度进一步增加，均能成林。森林工程逐步发挥其改善城市小气候、降噪、滞尘、释氧等生态功能，丰富城市景观。若不进行后期养护管理，灌木栽植密度过大，易导致病虫害的发生；且林下草本入侵植物种类和数量均增加，物种多样性逐步降低。

6.1.2　农村森林工程

农村森林工程包括速生丰产林建设、低效林改造与绿色村镇建设等三个方面。研究者针对不同类型森林类型工程进行了调查与评估。

6.1.2.1　调查结果

1）速生丰产林

农村森林工程中有4种类型速生丰产林，包括桉树速丰林、竹林、桤木速丰林和杉木林。

调查区桉树速丰林主要包括巨尾桉优良无性系和巨桉等适生树种。速丰桉树属桃金娘科桉属，大多林种结构单一。林下灌木层发育不足，灌木盖度大多为 0～5%，仅有个别样方盖度为 15%左右，主要分布于原有耕地田坎区域。草本多为一年生，主要包括小白酒草、空心莲子草、芒萁、马兰、蒿等，草本平均盖度 70%以上，高度为 50～180 cm，其中乔木层郁闭度高的样地草本盖度和高度都相对较低（图 6-1）。

图 6-1　野外调查中巨尾桉速丰林

竹林类型速丰林面积较小，林种单一，主要为撑绿竹，以永川区为主。林下灌木盖度低，最高为 15%左右，普遍为 5%以下甚至无灌木层，灌木种有黄荆、火棘、通脱木、楤木、马桑、盐肤木等。草本层主要包括小白酒草、芒、蕨、空心莲子草、芒萁、马兰、蒿等，高度为 15～100 cm，盖度为 20%～100%，与林地郁闭度成反比，平均盖度为 67.5%左右（图 6-2）。

图 6-2　野外调查中竹类丰产林

桤木别名水冬瓜，为桦木科、桤木属植物，落叶阔叶乔木。桤木速丰林主要分布于立地条件较好的退耕还林地。该类型速丰林乔木层林种单一，林下灌木层包括川莓、盐肤木、刺槐、构树、野鸭椿、马桑、蔷薇等，主要生长于原有耕地的边缘区域，总体盖度低于 5%。草本层包括小丽花、干旱毛蕨、风轮菜、蒿、一年蓬、尼泊尔老鹳草、芒、白车轴草等草本，高度为 50～150 cm，平均盖度为 90%以上。

杉木为裸子植物，杉科、杉木属，是我国特有的速生商品材树种，常绿针叶乔木，耐寒耐阴能力强。样方调查发现其多种植于立地条件较差的灌木林地或荒山。调查样地内样地灌木少见，灌木盖度低于 5%。不同样地草本层盖度差异较大，沟坡样地内草本层保存较好，主要有芒、小白酒草、蕨、黄花酢浆草、芒萁、糯米团、芒、黄花蒿、黄花苜蓿等，盖度较高，平均为 90%。而示范林场等杉木林基地林下草本盖度极低，在 5%以下（图 6-3）。

图 6-3 野外调查中桤木、杉木林

2）低效林改造

马尾松劣质林和残次林改造。低质低效马尾松纯林和马尾松残次林改造主要采取抽针补阔，调整林种措施，增加阔叶树种，形成马尾松加楠竹的针阔混交林。改造后马尾松林相较好，平均树高约为 20 m，平均胸径约为 22 cm。林下补植的为楠竹，采用移竹造林法。灌木层受马尾松遮蔽，发育较差，主要包括白栎、乌栎、宜昌荚蒾、香樟、山莓、异叶榕、黄杨等，株数少，平均盖度低于 10%，灌木层高度为 1～1.5 m。草本层发育较好，主要包括蕨、芒、鼠尾草、竹叶草、芒萁、积雪草等，以蕨和芒为主，平均盖度约为 92%，高度为 70～150 cm。

低效灌木林改造。低效灌木林是指受干扰破坏，经济效益低下，失去经营培育价值的灌木林。各样地改造模式有很大差异。海拔较低的库岸低效灌木林改造带以柏木、刺桐为主，另有部分黄葛树、秋枫、女贞等；海拔较高，气候较湿润的渝东南山区以喜湿耐寒的桤木、水杉为主。

渝东北山区原生乔木层缺失，补植桤木，灌木包括马桑、火棘、黄荆、盐肤木、算盘子、腊莲绣球、麻叶绣线菊、西南悬钩子等，以马桑为主。灌木层平均高度为 1.5～2 m。由于没有高大乔木遮盖，草本层发育较好，包括芒、蕨、蒿、小槐花、一年蓬、野棉花、长柄山蚂蝗、银莲花、三叶木通等，以芒、蕨为主，平均盖度接近 100%。

库区沿岸柏木、女贞、刺桐、秋枫、黄葛树为改造树种。灌木层主要包括马桑、黄荆，平均盖度较高，约为30%。草本层包括茅、小白酒草、野胡萝卜、白花鬼针草、竹叶草、南毛蒿等，平均盖度在85%以上。

低效纯林改造。低效纯林是指生态效益或生物量（林产品产量）显著低于同类立地条件经营水平的单一树种的人工纯林，包括生态林和经济林。其中低效刺槐人工纯林改造模式以柏木、刺桐混植改造，部分林分有少量秋枫、小叶榕、天竺桂等。原有树种为刺槐。灌木平均盖度低于5%，平均高度在2 m左右，主要包括马桑、桑树、油桐、乌桕、苎麻、算盘子、黄荆、盐肤木、铁仔、西南悬钩子、三叶五加等。草本层主要包括茅、碎米莎草、小白酒草、芒、南毛蒿、竹叶草、蜈蚣草、千里光、硬质早熟禾、密毛蕨，以茅和蒿为主。草本层高度为30～50 cm，平均盖度约为75%。低效经济林改造主要是针对渝东北沿江区县柑橘基地的老龄、低产、品种差的柑橘和枇杷进行换种改造或嫁接改造，换种为枇杷、优质柑橘。林下无灌木，草本层主要包括红薯、白花鬼针草、空心莲子草、牛膝、马唐、狗尾草、飞扬草、铁苋菜、牛筋草等，平均盖度约为64%。

经营不当林和树种不适林改造。经营不当林是指因经营措施不当、管理不善等，导致林木生长不良，林分功能与效益显著低下的林分。树种不适林是指因树种或种源选择不当，未能做到适地适树，林木生长极差，功能与效益低，且无培育前途的林分。调查中桤木、喜树、红椿作为改造树种主要分布在渝东南高海拔地区，是灌木林改造和退耕还林补植补造的主要树种。改造原有林分为红椿林及部分经济果木林。调查样地灌木层主要包括马桑、盐肤木、火棘、金山荚蒾、算盘子、油桐、楤木、刺槐等。草本层盖度较高，平均在95%左右，包括芒、茅、蒿、一年蓬、小白酒草、长柄山蚂蝗、红雾水葛、葛藤等，以芒和茅为主。低效人工竹林林分采用同种补植，基本无灌木种，草本盖度较高，平均约为90%，高度在50 cm左右。主要包括野老灌草、黄花酢浆草、牛膝、蛇莓、小白酒草、杠板归、三脉紫菀、风轮菜、艾蒿、千里光、夏枯草、鱼腥草等，以艾蒿、小白酒草为主。

3）绿色村镇建设

调查区生态林类型多样，树种包括桉树、黄葛树、香樟、马尾松等。桉树多为纯林，林种单一，林下灌木层发育不足，盖度多为0～5%；个别黄葛树的样方灌木盖度达到20%左右，以白栎、盐肤木、茶树及刺槐为主。草本主要包括小白酒草、空心莲子草、芒萁、马兰、蒿等，平均盖度在70%以上。桉树等速丰林郁闭度高，但林下植物物种较为单一，香樟、黄葛树等适应性较强的非速生树种，生长情况较好，且林下灌草植被发育也较好，生物多样性高（图6-4）。

图 6-4　绿色村镇工程中栽植效果图

调查样地的各种竹林包括撑绿竹、雷竹、楠竹、大叶麻竹等，多为纯林。竹林下灌木盖度普遍为 5%以下甚至无灌木层，灌木层高度为 1～1.5 m，主要灌木有盐肤木、茶树及马桑等。除撑绿竹林外，草本层盖度大多低于 20%，主要包括小白酒草、芒、渐尖毛蕨、积雪草、空心莲子草、芒萁、马兰、蒿、酢浆草等（图 6-5）。

图 6-5　绿色村镇工程效果图

调查区主要果园树种包括枇杷、柑橘等适生树种。乔木层单一，没有林下灌木，草本多为一年生，主要包括小白酒草、空心莲子草、龙葵、马唐、酢浆草、雀稗等，草本盖度多为 5%～80%（图 6-6）。

庭院绿化栽种的树种较多，主要有樱桃、柚子、柑橘、核桃、枇杷、无花果等果树，黄葛树、小叶榕、银杏、荷花玉兰、红叶李、香樟、桂花等观赏性树种。灌木主要有日本珊瑚树、海桐、冬青卫矛、小叶女贞、蜡梅、檵木、构树、凤尾竹等观赏性树种。草本植物种类较多，主要包括芭蕉、小白酒草、芒、渐尖毛蕨、积雪草、空心莲子草、蜈蚣草、马兰、苍耳、酢浆草、沿阶草、紫苏、商陆、龙葵、蝴蝶花等；其盖度为 5%～95%（图 6-7）。

图 6-6 农村森林工程效果图

图 6-7 庭院绿化工程效果图

速丰林中的调查区域内速丰桉多为 2008 年种植的，平均树高为 9.5 m，平均胸径为 8 cm，平均郁闭度为 45%。撑绿竹速丰竹林调查样地平均竹高为 5 m 左右，平均胸径为 3.1 cm，平均郁闭度为 48.5%。平均树高为 6 m，平均胸径为 7.3 cm，平均郁闭度为 37%。杉木平均树高为 1.5 m，平均胸径为 2.4 cm。由于初植苗较小，因此杉木未郁闭，平均盖度约为 12%。

低效林改造模式较为多样，树型大小不一。其中刺桐作为改造树种树型较大，现部分林分平均株高为 7 m，平均胸径为 11 cm。女贞、秋枫高约为 2 m，胸径约为 5 cm。桤木其次，平均高度为 1.7 m，平均胸径为 2 cm，盖度在 10%左右。柏木、水杉、红椿、喜树等平均胸径不足 1.5 cm，株高为 50～80 cm。竹平均株高为 1.5 m，平均胸径为 0.9 cm。

绿色村镇中主要树种为桉树、黄葛树、香樟、马尾松等。其中桉树的树高为 8 m，平均胸径为 8.5 cm，平均郁闭度在 25%以上；而黄葛树平均高度在 4 m 以下，平均郁闭度约为 12%。竹林平均树高为 5 m，平均胸径为 4 cm。枇杷平均树高为 2 m，平均胸径为 5.3 cm；梨树平均树高为 2.2 m，平均胸径为 4.2 cm；柑橘平均树高为 2 m 左右，平均胸径为 4.4 cm 左右。

农村森林工程各个子项目树型大小不一，其中速丰林、生态林、竹林等初植为一年期至两年期大苗，普遍树型较好，桉树已近中龄林。低效林改造除刺桐等树型较好外，其他树型普遍较差，柏木、水杉等由于生长缓慢，需要进行进一步的管护。

桉树作为速丰林和生态林树种，种植株距以 2 m×3 m 较为多见，平均为 100～110 株/亩，部分立地条件好的地块为 74 株/亩。速丰桤木林、果园和生态竹林种植密度也为 110 株/亩。杉木林设计种植密度较大，约为 300 株/亩，计划 8 年之后间伐 1/3，15 年后再间伐 1/3，28 年后全部更新。速丰竹林和生态竹林种植设计密度为 42 窝/亩，部分样方超过设计密度，需要后期移植抽稀。

低效林改造主要采用补植补造的方式，其中低质低效马尾松纯林抽针补阔，楠竹平均补植密度为 20 窝/亩，退耕还林地补植补造种植密度约为 110 株/亩。

总体来说，农村森林工程规划种植密度较为合理，有利于林分的健康生长。但是仍有部分未按规定密度种植的林分，尤其是桉树速丰林，易导致林下生物多样性显著降低，土壤养分、水分过量吸收导致土壤贫瘠。

速丰林建设时树种搭配较少，以营造纯林为主，包括桉树纯林、桤木纯林、杉木纯林、竹林纯林等。永川等地部分林分采用桉树和撑绿竹混合种植的方式。低效林树种配置较好，低质低效马尾松纯林和马尾松残次林改造主要采取抽针补阔、调整林种措施、增加阔叶树种的方法，形成马尾松加楠竹的针阔林。云阳等地对低效林改造采用两种或两种以上混合栽植，形成株高较低的柏木位于下层，女贞、刺桐、秋枫、黄葛树等初植苗木株高较高的树种位于上层的改造结构。石柱等地采用桤木改造红椿林及部分经济果木林，营造混交林。庭院绿化树种搭配效果较为明显，采用樱桃、柚子、柑橘、核桃、枇杷、无花果等果树与黄葛树、小叶榕、银杏、荷花玉兰、红叶李、芭蕉树、香樟、桂花等观赏性树种混植。

总体来说，农村森林工程树种结构有待优化改善。速丰林建设时树种搭配不足，多营造单层纯林，复层林较少，林相单调，除能够有效增加碳截留、释放氧气外，不利于水土保持、增加生物多样性等其他生态功能的发挥。低效林改造林种搭配效果相对较好，种间搭配、垂直搭配采用较多，利于成林之后林分的健康。部分生态意义较为重要的生态林及竹林、经济果木林等没有有效地进行树种搭配。例如，营造的桉树纯林生态林不利于生态功能的发挥，对生态系统稳定性造成极大影响，直接制约着森林生态质量的提高。

6.1.2.2　生态质量预测

速丰林林分由于管护较好，生物量将进一步提高，充分发挥其固碳释氧等生态功能。但是桉树、桤木等中龄以后将进入采伐期，期间的规划管理政策及措施将直接关系到此类以取得经济效益为目的的林分的演变。随着速丰林和生态林建设中生态林郁闭度的进一步增加，如不采取必要的间伐或混植，土壤会更加贫瘠，林下物种将会进一步减少。

通过低效林改造，林分生物多样性将会有所提高，柏木、水杉等针叶林幼苗逐渐摆脱灌草的遮蔽，进入快速生长期。除部分立地条件较差的林分外，大部分刺桐、女贞、秋枫等林分郁闭度将进一步提高，与针叶林组合形成复层针阔混交林。部分经济效益较差的生态公益林或管护措施不到位的林分将转变为低效林或返耕，成为下一步补植补造的对象。果园、竹林等经济效益逐渐显现，经过庭院绿化建设，绿色村镇植被的覆盖度提高，实现庭院花果化，人居环境逐渐优化。

6.1.3　通道和水系森林工程

6.1.3.1　调查结果

1）通道森林工程的物种组成

据统计，调查区内共有维管植物 80 科、183 属、236 种，其中蕨类植物 9 科、9 属、12 种，裸子植物 4 科、4 属、14 种，被子植物 67 科、170 属、220 种。种子植物共计 71 科、174 属、214 种，分别占重庆种子植物总科数的 35.86%、属的 12.40%和种的 3.94%。调查区草本植物占绝大多数，有 156 种，占调查区维管植物物种总数的 66.10%；其次是乔木，42 种，占总数的 17.80%；再次是灌木，占总数的 15.25%；藤本植物最少，仅为 12 种，占总数的 5.08%。

调查区常见乔木有柏木、马尾松、银杏、水杉、栓皮栎、白栎、构树、黄葛树、小叶榕、响叶杨、刺槐、刺桐、合欢、喜树、毛竹、麻竹、枫香、朴树、苦楝、巨尾桉、桉树、枫杨等。调查区常见灌木有黄荆、八角枫、桑、藤构、盐肤木、马桑、火棘、西南悬钩子、插田泡、铁仔、山莓、金樱子、地桃花、海桐、紫薇、紫穗槐、双荚决明、双季米金槐、金山荚蒾、木芙蓉、檵木、脐橙、龙眼、竹叶花椒等。调查区常见草本有蜈蚣草、渐尖毛蕨、干旱毛蕨、糯米团、火炭母、绿穗苋、牛膝、空心莲子草、铁苋菜、葎草、木豆、荠菜、龙芽草、黄鹌菜、魁蒿、五月艾、小白酒草、白花鬼针草、丝茅、芒、蒴股颖、棒头草、鹅观草、柔枝莠竹、马唐、狗牙根、无芒稗、沿阶草、鸭跖草等。

2）水系森林工程的物种组成

据统计，调查区内共有维管植物 66 科、135 属、161 种，其中蕨类植物 8 科、9 属、11 种，裸子植物 4 科、6 属、6 种，被子植物 54 科、120 属、144 种。种子植物共计 58 科、126 属、150 种，分别占重庆种子植物总科数的 29.30%、属的 8.98%和种的 2.76%。其中草本植物占绝大多数，有 87 种，占调查区维管植物总数的 54.03%；其次是灌木 36 种，占总数的 22.36%；再次是乔木 34 种，占总数的 21.12%；藤本植物最少，仅为 4 种，占总数的 2.49%。

调查区常见乔木有柏木、马尾松、银杏、水杉、柳杉、垂柳、栓皮栎、白栎、构树、小叶榕、响叶杨、刺桐、喜树、麻竹、复羽叶栾树、巨尾桉、桉树等。调查区常见灌木有黄荆、桑、藤构、盐肤木、马桑、火棘、铁仔、山莓、金樱子、地桃花、海桐、紫薇、金山荚蒾、木芙蓉、檵木、龙眼、竹叶花椒等。调查区常见草本有蜈蚣草、渐尖毛蕨、干旱毛蕨、火炭母、绿穗苋、空心莲子草、铁苋菜、葎草、黄鹌菜、五月艾、苏门白酒草、加拿大飞蓬、小蓬草、白花鬼针草、丝茅、芒、鹅观草、柔枝莠竹、马唐、狗牙根、无芒稗、沿阶草等。

6.1.3.2　现状评价

1）物种组成

通道、水系森林工程物种组成具有如下特点。

通道森林工程物种较水系森林工程丰富。经调查统计，通道森林工程共涉及维管植物 80 科、183 属、236 种。水系森林工程共涉及维管植物 66 科、135 属、161 种。通道森林工程物种较水系森林工程丰富，这主要与通道森林工程涉及道路多、覆盖面广有关。

栽培种单一，野生种较丰富。通道森林工程 42 种乔木树种中，人工栽培种约为 20 种，野生种有 22 种；36 种灌木中，人工栽培种约为 15 种，野生种 21 种；草本主要由野生种组成，占草本植物种数的 95%。而水系森林工程中，有 34 种乔木树种，人工种植乔木占乔木物种总数的 52.94%，36 种灌木中，人工种植灌木占灌木物种总数的 35.89%，栽培草本仅占草本物种总数的 2.5%。

木本植物较为单一，草本植物较为丰富。通道森林工程中，木本植物占 33.05%，草本植物占 66.01%；水系森林工程中，木本植物占 43.48%，草本植物占 56.52%。归于两方面的原因：第一，森林工程主要栽种乔木和灌木树种，林下草本层主要为野生物种。第二，森林工程所选树种种类比较单一，乔木的生长周期漫长、种子萌发率低等生长情况较草本层植物而言更加缓慢；而草本层的种子易传播、快速生长繁殖的特点使得林下草本层更加丰富。因此，草本植物种类远多于木本植物。

入侵植物及有害植物较多。据统计，调查区有紫茉莉、秋英、土荆芥、蓖麻、野胡萝卜、黄花蒿、小白酒草、牛筋草、葎草等入侵有害植物 20 种，占重庆市入侵植物种数的 25.64%。入侵植物不仅种类多，而且具有数量大、分布广、生命力强、繁殖快、易传播的生物学特性。道路、水系都有入侵植物的分布，蔓延速度快。在人工种植乔灌木过程中，易携带外地物种的种子或果实进入栽培区，从而将一些入侵有害植物带入本地；人工管理未涉及清理有害植物，从而使其大面积扩散。此外，运输业为入侵植物的快速传播提供了有利条件。

2）森林工程树种长势情况

森林工程栽种植物现状调查表明，一些地区选择一些速生植物，如响叶杨、巨尾桉、刺桐等；另外一些地区选择经济作物乔木，如桂花、柑橘、龙眼、池杉、柳杉等；其中不乏观赏类的乔木或小乔木，如夹竹桃、木芙蓉、日本晚樱、银杏等。总体来说，栽培的成活率高、长势较好，如渝武高速的响叶杨林，成渝高速、渝宜高速的巨尾桉林，成渝高速的小叶榕林、合川乡道的银杏林、大宁河的复羽叶栾树林、永川卫星湖的巨尾桉林、长寿湖的池杉林长势较好，均已成林，林下物种较为丰富。这与所选的银杏、小叶榕、刺桐、巨尾桉等树种能适应重庆的气候、土壤环境有关。

3）森林工程树型大小、种植密度与搭配

通道、水系森林工程所选物种主要为木本的乔木和灌木树种，很少涉及草本植物。树型大小与搭配情况如下。树种大小适宜，树种多为长势较好的成年树种，以银杏为例，多为高 6～10 m、胸径 4～8 cm 的树种。栽种的成年树种，具有易存活、生长快的优点。种植密度合理，据调查，植物种植较为均匀，株距较为合理。根据树种的特点和大小，株距一般在 1～4 m。树种搭配不明显。通道、水系森林工程主要栽种乔木和灌木，林下草本层物种主要为野生植物，因此，就群落垂直结构而言，没有搭配规律；水平分布上，为单一树种，因此也没有搭配规律。景观效应有待加强。对于物种分布格局，由于乔木或灌木按等距栽种，因此呈均匀分布；而林下的草本层主要来自野生物种的入侵，因此成群分布。

4）森林工程生态质量预测

森林工程实施已有 3 年时间，根据现状调查和分析，预测 5 年后森林工程状况如下。植物长势较好，群落郁闭度进一步增加，除乌江、大宁河、渝宜高速、渝湘高速等部分立地条件差的样点外，多数能成林。森林工程逐步发挥其绿化景观、保持水土、护岸固坡的生态功能。在种植有巨尾桉的地带，虽然森林郁闭度进一步增加，但土壤更加贫瘠，林下种类减少、单一化，甚至几乎无草本层。部分国道、高速路旁的入侵植物需要清理，调查中发现，葎草蔓延趋势很强，缠绕在人工种植的乔木上，并将其包裹，如不清理，可能将乔木致死。水系中，多为空心莲子草，并向岸上和水域中扩展，如不加以控制，则会影响岸边植物种类、水域面积和水质。

6.2 生态工程对植被的影响

6.2.1 对植被结构的影响

生态林项目所在地的植被，以亚热带季风常绿阔叶林为主，夹杂有大量的马尾松针阔混交林，还包括一定面积的灌丛草地，这种组成是重庆亚热带气候条件下的典型植被结构。通过针叶林、阔叶林、混交林和灌丛草地 4 种类型植被的面积比例变化，

可以说明桉树种植前后整个项目区所处植被类型结构的变化。

从 2002～2007 年植被动态变化中可以明显看出，2007 年整个项目区 4 种植被类型的合计面积比例减少了 4.29%，总面积从 106.6 万 hm^2 减少到 104.4 万 hm^2，减少面积为 2.2 万 hm^2。针叶林、阔叶林、混交林和灌丛草地的面积比例，从 2002 年的 21.90%、6.51%、22.40%和 40.63%，到 2007 年分别为 26.40%、7.58%、14.67%和 38.49%，针叶林和阔叶林比例分别上升了 4.50 个百分点和 1.07 个百分点，混交林和灌丛草地比例分别下降了 7.73 个百分点和 2.14 个百分点。代表性的区系植被针叶林和阔叶林面积比例上升，非代表性植被混交林和灌丛草地比例下降。

从 2002～2007 年项目区土地利用转移矩阵来看，一部分林地、水域用地，如河岸带旁、山坡林地等，变成了农业用地，一部分农业用地变成了居民点建设用地和少部分经济林用地，一部分荒草地、灌丛、坡耕轮歇地变成了公益林、商品林、农业用地和建设用地，还有一部分退化成裸地。2002 年各类型植被所占面积比例由大到小为灌丛草地、混交林、针叶林、阔叶林；而 2007 年为灌丛草地、针叶林、混交林、阔叶林。针叶林增加了 4.5%，增加量较高，主要原因在于项目区退耕还林政策的执行力度较大，发展了以马尾松为建群种的林地植被。相反，混交林减少了 7.73%，阔叶林虽然增加了 1.07%，但所占比例仍是最低。桉树工业生态林占项目区 4 种植被合计面积的比例为 3.83%，从目前规模来看，生态林基地项目建设对当地植被结构没有造成不利影响。

6.2.2 对群落结构的影响

调查显示，常绿阔叶林群落一般植物密集，乔木层和灌草层的高度差不明显，存在层间植物层，乔木层有分层，乔木层的优势种较多。乔木层总盖度较高，灌木层次之，草本层不发达。林地的地被物，主要为多种植物的落叶和枯枝，地被物多样性明显。林内受人为干扰较少，林内植物多样化程度高。次生林受海拔、地形、气候、土壤、水文、演替阶段等各方面因素影响，呈现出明显多样化的群落结构特征。相似立地条件的马尾松人工林群落，结构简单，乔木层与灌草层之间的高度差异较大。乔木层树种单一，灌草层分层不明显，植物种类稀少，未见层间植物。地被物为马尾松落叶，单一化明显。

同样立地因子的撂荒地，没有乔木层和层间植物层，灌木层和草本层较发达，植物密集。不同年限的撂荒地样方调查显示，撂荒 1 年地，在充足的水土条件下，白茅草等植物迅速疯长，并占据了主要生态位；撂荒 3 年地，开始有一些小的灌木出现，撂荒 5 年地，灌木种类和个体数目逐渐增多，但比较稀疏；8 年生的撂荒地，已经开始成林；在撂荒 10 年以上的地方，乔木林和灌木林地的分层现象已经很明显。随着时间的推移，撂荒地上的植物种数和个体数逐渐增加，群落结构也从简单发展到复杂，可以看见先锋植物到成熟植被的明显演替过程。

桉树工业生态林群落，林相整齐，乔木层和灌草层的高度差别明显。乔木树种单一，高度较高，结构简单，盖度较大。灌木和草本两层的区分不明显，草本层常以紫茎泽兰、飞机草等群落先锋植物为优势种，盖度较大。灌草层最发达，但以草本植物为主。群落中一般无层间植物。随着种植年限的增加，桉树生长始终表现出明显的优势，生态林下灌草层植物一般呈现出快速减少、逐渐增加、达到稳态的趋势。桉树苗在几个月大的时候，种植基地砍草频度和力度最大，种植地的植被减少速度最快；树苗移栽后，砍草频度和力度也较大，但开始有了一定的施肥过程，种植地其他植物种类和数量减少速度明显减慢；桉树生长1年后受施肥和砍草两个互斥过程的影响，林下植物种类和数目降至最低，并开始呈现出较弱的增加趋势；生长3年的生态林由于施肥强度和砍草强度均较大，林下植物种类和数目进一步增加；从第四年开始，施肥强度大于砍草强度，林下植物明显增加；但5年后，施肥停止，砍草也同时减少，但桉树对林下植物的抑制作用明显加大，林下植物种类和数目达到高峰时逐渐趋于稳定。与此同时，由于受栽植株行距、坡度、坡向、坡位、水文、施肥、抚育、年限等多方面因素的综合影响，整个项目区生态林下植被物种数和个体数呈现出复杂性变化的特点，规律性并不明显。

由此可见，生态林基地如整理地前为次生常绿阔叶林，种植桉树后，群落结构由复杂变为简单，由组成完全到单一化，由稳定向不稳定变化。生态林基地如取地前为其他人工林，种植桉树后，群落结构较为简单，组成比较单一，稳定性变化不明显。如取地前为轮歇的撂荒地，种植桉树后，群落结构虽然较为简单，但组成中有了乔木层，稳定性变好，群落演替过程停止。项目区自然条件优越，如果撂荒地撂荒时间足够长，基本都可以发育为次生林，在一定程度上说明生态林在营林期满退出经营后，如果再次被撂荒，在生态恢复的前提下发育为次生林的机会依然存在。

6.2.3　对生态系统多样性的影响

从布局来看，小于400亩的斑块，其分布较为离散、均匀，与周围植被相互镶嵌；大于400亩的斑块，其分布在局部地区有一定的成片性。这些镶嵌程度较高的小于400亩的生态林斑块，因其单个斑块面积较小，与其他植被的连通性较好，对物种多样性的影响依然存在，但从系统生态学角度对当地整体植物群落结构的复杂性影响相对较小。大于400亩的斑块，因其在局部地区分布的成片性，容易在局地形成纯林程度较高的生态系统，物种比例与当地长期建立起来的物种结构具有较大的差异，在一定时间内会对局地生态系统多样性造成一定的不利影响，但经过一段时间后这种影响会逐渐消除。

在大规模种植生态林后，会引起原有生态系统组成、结构的变化，并由此引起生态功能的改变，但这种变化是多方面的，有些是有利的，有些是不利的。例如，从原来的局地多样化生态系统变为桉树工业生态林生态系统，即从多样化变为单一化，降低了局地生态系统的多样性；但从整体生态系统来看，桉树工业生态林基地代替低效林地和相似性林地，其整体多样性得以提高。从原来的年际对生态系统的较小扰动，变为了多年间隔一次的较大扰动，扰动幅度加大了；但从原来人为干扰以 1 年为周期（粮食生产等活动）变成了以 6 年为周期（桉树采伐等），扰动频率变小了。长期来看，生态林对当地生态系统整体稳定性的影响取决于多方面因素的共同作用，不能简单地认为多样性降低后系统稳定性就降低，生物量提高后系统的恢复能力就强。

6.2.4 对植物物种多样性的影响

通过现状调查可知，桉树生长与所处环境的立地条件有较大关系。重庆地区桉树工业生态林一般在中等海拔梯度长势较优良，郁闭度、林木高、断面积、林地标准木材积等各项指标值都达到峰值，这说明该海拔段是桉树在该地区生长的最适海拔。由此推断，桉树种植对当地植物种这一层面的多样性影响主要集中在该海拔地带。

桉树工业生态林物种总数为 135 种，小于次生季风常绿阔叶林的 270 种，但大于马尾松人工林的 106 种和撂荒地的 105 种。次生季风常绿阔叶林内乔木层的科、属数目均大于其他层的科、属数目，反映出次生季风常绿阔叶林的乔木层是最发达的。桉树的草本层科、属数均大于其他几个层的科、属数，反映出生态林内的草本层是最为发达的一层。马尾松人工林的草本层也比较发达，但从总体水平来看，比桉树工业生态林的各层科、属数略小。撂荒地的科、属数目与马尾松人工林内相差不大，但少于桉树工业生态林内的科、属数。撂荒地的科、属数更加趋于多样化，可能是因为撂荒地受到的人为干扰较少，演替阶段多样。

生态林样地内植物种的丰富度普遍比次生常绿阔叶林低。9 组样地中有 8 组次生常绿阔叶林的丰富度比生态林的大。调查样地中次生常绿阔叶林丰富度最大的是 84 个物种，比相对应的生态林样地多 52 个物种；丰富度最小的是 47 个物种，相对应的生态林样地比次生林地多 1 个物种。相同面积的样地植物总株数最多的是 2987 株，相对应的生态林样地总株数为 2369 株；最少的是 727 株，相对应的生态林样地有 142 株。也有少数样地生态林中的植物总株数比次生林对照样地的多，但不具备明显的普遍性。

部分样点几种植被植物种类重要值的计算结果表明，类似立地因子的桉树工业生态林重要值与其他三种植被类型相比差异较为明显。在桉树工业生态林样地，乔木层重要值高的仅有一种，灌木层重要值较高的为艾胶算盘子和杜茎山，草本层重要值最高的为紫茎泽兰。次生林乔木层重要值较高的为银叶栲、刺栲和杯状栲，灌木层重要值较高的为岗柃和金叶子，草本层较少被紫茎泽兰所占据。总体上，生态林和马尾松林各层物种重要值基本相当，说明同一地区相同立地因子的人工林群落结构是相似的，而与人工林种植种类关系不大。

6.3 生态工程对重点保护物种和敏感区的影响分析

主要利用 ArcGIS 平台，对自然保护区分布图、风景名胜区分布图、水源保护区和河流源头区分布图、公益林分布图、森林分类经营区划图、地形图、石（荒）漠化严重区分布图（如严重程度在“重度”以上区域）、水土流失重点防护区分布图（如严重程度在“强度”以上区域）、植被分布图、地形图、降雨图等，进行缓冲区分析和空间叠加分析，考察生态林基地斑块与重点保护物种活动区、重要敏感区的距离关系、镶嵌方式、破碎化程度及对重要敏感区特征指标的保护，寻找其免受影响、减缓影响和恢复损害的最有效途径。进行空间分析时，注重全过程、全要素分析，并突出重点内容分析，应包括生态林基地建设的各个时期、各个环节和各种影响，如栽植时运输树苗和化肥过程产生的各种影响（水土流失、植被破坏、土地占用、噪声使野生动物惊吓等），将采用林区道路分布图与重要敏感区叠加分析的方法。

6.3.1 对重点保护物种的影响分析

对重点保护物种的影响，主要关注：拟选择造林地块是否是重点保护动物的栖息地或主要活动区。生态林基地的空间布局是否阻隔了重点保护动物迁徙通道；拟选择造林地块内是否分布着重点保护植物。生态林基地建设带来的影响是否波及重点保护物种的栖息地和生长区域。生态林基地建设是否会给保护物种带来种类和数量的损失等。

通过分析，已选择生态林基地地块内，未发现重点保护动物，目前已非其栖息地或主要活动区；因区内生态林基地布局并非连通在一起，区内生态林基地林斑也不大，基地斑块周围也未设置物理围栏，从空间上对其周围重点保护动物的迁徙影响不大；生态林基地内仍能发现大量的野猪等动物的栖息场所。从生态林基地植被调查结果来看，在其地块内尚未发现重点保护植物，其林斑周围的次生林地内重点保护物种有较少量的分布，所以生态林基地建设活动会对这些重点保护植物产生一定的不利影响；从植被调查可以发现，在该区域内植被的演替速度较快，从先锋植物种类到成熟稳定的次生植被大约经历 20 年，因此，这些地块如果不种植桉树，任其自由发展，将有可能很快成为较好的野生动植物栖息地，从这个意义上讲桉树种植对重点保护物种栖息地的范围会有较大程度的不利影响；由于生态林种植替代了其他植被的生长，有些植被为保护物种的栖息地，此时生态林基地建设即对保护物种种类和数量产生一定的不良影响。今后营林措施应从技术规程方面加强对动植物物种的保护管理工作。

6.3.2 对重要敏感区的影响分析

对重要敏感区的影响：主要关注国家规定的受本项目建设影响的重要敏感区域，主要包括项目区周边分布的著名自然历史遗产、自然保护区、风景名胜区、水源保护区、生态公益林区域、石（荒）漠化严重区、水土流失重点防护区、重要物种生境区等生态敏感区域等。影响内容考虑扰动方式、强度、范围、距离、是否可以避免、减缓、恢复等。分析项目生态功能区划与主体功能区划的各类功能区是否吻合。

通过分析发现，已选择生态林基地地块内，未发现自然历史遗产，也非自然保护区、风景名胜区、水源保护区、森林公园、生态公益林区域。项目区生态林斑块周围距离森林公园较远，对较大距离外的森林公园影响较小。在生态林斑块周围，有大量的生态公益林分布，生态林基地建设活动会对这些生态公益林产生一定的扰动，但只要管理得当，严格控制，会避免这些不利影响。

生态林基地斑块内较少涉及石（荒）漠化严重区，与周围石（荒）漠化严重区也有相当远的距离，因此生态林基地建设不会对其造成不良影响。生态林基地斑块内一些地形较陡、土质疏松、水土流失强度较大的区域，应强化营林过程的水土流失控制管理。生态林基地个别林斑周围分布有水土流失重点防护区，生态林基地建设活动会对这些区域的水土流失防控造成一定的影响，应采取措施避免或减缓。

位于大于25°坡度区的生态林基地小班，在营林期间会对土壤侵蚀形成较大威胁，应更加注重水土流失控制。生态林基地中含大于25°坡度区的小班，小班并非全部面积均大于25°，而是只有一部分大于25°，因此需计算林班中种植斑块的平均坡度。生态林基地小班地形分布与整个地域坡度略有偏差。在25°以上坡度的生态林基地，作为本身即具有一定水土保持意义的林业种植项目，只要措施防护得当，管理及时到位，引起较大水土流失的可能性较小。但根据国家相关规定，为预防重大水土流失的发生，35°以上坡度地区，应从严控制营林各环节，加强水土流失控制管理，按林业相关规定逐步退出工业生态林的营林模式，转变为具有生态效益的林地，也可采取认养公益林、探索碳汇林等方式处理。

6.3.3 对景观生态格局的影响

在项目建设前和建设后遥感解译的基础上，对比计算景观评价各指标值（景观类型、斑块数量、面积、破碎度、多样性指数、优势度、均匀度），分析其变化，评价项目建设对景观生态的具体影响。评价方法同景观生态格局现状调查评价方法。

为了能够从区域尺度上更加全面地认识项目区景观特征，本环评选用项目区综合景观特征指数，具体来说包括在景观尺度上（landscape-level）的斑块数、斑块密度、边界密度、景观形状指数、多样性指数、均匀性指数、优势度指数等特征，分别分析了项目区在造林前后两个时期的总体区域综合景观特征的变化情况。两期景观特征指数见表6-4。

表6-4 项目区综合景观特征指数变化分析

年份	景观类型							
	NP	PD	ED	LSI	AI	SHDI	SHEI	优势度
2006	42 130	2.166 1	36.621 7	132.235 1	58.212 1	1.356 3	0.589 1	103.337 9
2011	24 572	1.440 7	31.831 4	123.127 3	59.104 3	1.401 6	0.612 7	103.456 2

根据项目区综合景观特征指数变化分析表，通过对项目区造林前后的景观特征指数进行对比，可以发现造林后较造林前斑块总数（NP）、斑块密度（PD）、边界密度（ED）均有一定程度的减少，说明在造林以后整个景观的总体破碎化程度降低；景观形状指数（LSI）略有减少，说明项目区的斑块总体复杂程度也略有降低；景观的聚集度指数（AI）也有减少，虽然减少的程度很低，这说明在造林以后，整个项目区斑块之间的连通性增强，更适宜于各个不同类型斑块之间的物质交换与能量的流通；景观的多样性指数与均匀性指数略有增加，说明景观类型增加，各景观组分占地面积比例差别也变大。从整个景观尺度上分析，造成这样结果的部分原因是在造林以后，能够把原先各种离散分布的斑块很有效地连接起来，降低了各种斑块之间交流的成本，同时也提高了整体的景观多样性。结合本项目区的土地利用现状，可以发现，在生态林基地建成之后，占有优势的景观类型依然还是林业用地与灌草用地，虽然林业用地的比例有了一定程度的减少，但这并不是由于造林带来的，而是人为的不合理利用，所以生态林基地建成以后对所在项目区的景观生态影响也较小，从一定程度上来看，生态林基地对于该项目区的生态环境也有一定的正面作用。

7 重庆市森林生态系统服务评价

生态系统服务功能是指生态系统与生态过程所形成及所维持的人类赖以生存的自然环境条件与效用。生态系统服务功能评价的目的是要明确回答区域内各类生态系统的生态服务功能及其对区域可持续发展的作用与重要性，并依据其重要性分级，明确其空间分布。生态系统服务功能评价是针对区域典型生态系统，评价生态系统服务功能的综合特征，根据区域典型生态系统服务功能的能力，按照一定的分区原则和指标，将区域划分成不同的单元，以反映生态服务功能的区域分异规律，并用具体数据和图件支持评价结果。

开展森林生态效益评估有助于提高人们的环境保护意识。森林工程生态效益评估以物质量或经济价值量的形式反映森林生态系统服务功能，可以更有效地帮助人们了解森林生态系统服务的价值，从而提高人们对森林态系统服务的认识程度，提高人们的森林生态环境保护意识，正确处理经济发展与森林保护间的关系。

7.1 评价指标体系

本研究在总结前人研究成果的基础上，根据千年评估工作组提出的生态系统服务功能分类方法，提出重庆市森林生态系统服务功能价值评价指标体系（表 7-1）。其功能类型包括提供产品、调节功能、文化功能、支持功能四大类，功能指标可进一步分为林木产品、涵养水源等 7 种。其中，由于数据或评价方法的原因，本研究对文化功能只进行休闲旅游的评价。

表 7-1 重庆市森林生态系统服务功能指标体系

服务类型	功能	指标评价内容
提供产品	林木产品	森林生态系统提供木材、薪材等功能的价值
	土壤保持	防止土壤水力侵蚀功能及其生态效益
	水源涵养	截留降水、净化水质、削洪补枯、调节河川径流等功能
调节功能	碳固定	光合作用固定碳、减缓温室效应的生态经济价值
	净化环境	吸收污染物质、阻滞粉尘、杀灭病菌、降低噪声、改善环境质量的功能及其价值
文化功能	休闲旅游	以森林生态系统及其特有景观为主题的生态旅游活动及其效益
支持功能	维持生物多样	森林生态系统维持生物多样性功能的生态经济价值

7.2　重庆市主要生态服务功能变化评估

7.2.1　提供产品

重庆森林工程提供产品的价值主要是森林活立木的价值和林果、药材等林副产品的价值，从2006～2011年，森林提供产品的功能由28.07亿元增加至49.74亿元，提高了76.2%，其中中药与干果类产品所占比例较大，不同产品的价值计算如下。

7.2.1.1　木材

根据重庆市2006年森林资源调查资料，统计得出重庆市森林生态系统主要优势林分各龄组的年净生长蓄积量。重庆市2006年年增活立木蓄积总量为21 548.90 m^3。采用市场价值法估算，重庆市2006年提供的木材收入达到5.20亿元。2011年有林地面积为30 451.37 km^2，疏林地及灌木林面积为13 569.86 km^2，森林覆盖率达36.93%，2011年提供的木材收入达到10.80亿元，在这5年中累计增加5.60亿元。

7.2.1.2　中药

在农村森林工程中注重推广中药药材种植，中药材品种主要有杜仲、丹参、半夏、菊花、蒲公英、黄连、金银花等。按照市场价格估算，重庆市2006年年产量为4130 t，中药的收入为7.12亿元，2011年中药材产量达5207 t，收入为11.23亿元，自森林工程实施后，增加收入4.11亿元。

7.2.1.3　水（干）果、花椒

在农村森林工程中，根据当地的实际情况，种植一些干果类和花椒产品，其中主要干果有板栗、核桃等，鲜果主要是桃、柑橘和梨等。2006年水（干）果、花椒产量为91.1万t，林果的价值是11.54亿元。2011年水（干）果、花椒的产量为110.4万t，林果的价值为18.27亿元，在这5年间，水（干）果、花椒累计增加6.73亿元。

7.2.1.4　肉类与桑蚕

在渝东南、渝东北地区，根据当地的劳动力资源情况，大力推广林下养殖和桑蚕养殖，2006年肉类产量达41万t，桑蚕养殖达10.7万担[①]，2011年肉类产量达52万t，桑蚕养殖达9万担，根据市场价值法，在这5年间，肉类与桑蚕的价值累计增加5.23亿元。

7.2.2　碳固定

采用方精云提出的用树干材积推算生物量的方法，来估算重庆市森林生物量。

① 1担=50 kg

由于树干与总生物量和其他器官之间存在相关关系，因此由树干材积推算总生物量是可行的，用该方法计算的生物量称为材积得出的生物量（volume-derived biomass）。统计表明，林分蓄积量与生物量之间存在良好的相关关系。利用生物量换算因子（biomass expansion factor，BEF）值乘以该森林类型的总蓄积量，得到该类型森林的总生物量。

将样本生物量结果作为真实值，与从遥感影像中提取的各类植被指数进行相关分析，寻找反映森林地上生物量的最佳植被指数，构建经验回归模型。根据 2011 年地面观测数据计算获得 158 个森林样地生物量数据，利用 70%的样点数据构建生物量模型，其余的用于检验模型精度。

在以前的区域和国家尺度的森林生态系统碳储量的估算中，国内外研究者大多采用 0.5（即每克干物质的碳含量）作为所有森林类型的平均含碳率。但是不同类型的植物或者同一植物的不同器官中的碳元素含量是不同的，因此，目前对森林生态系统碳储量及碳汇能力的估算无论是在区域尺度上还是国家尺度上都存在极大的不确定性。为了能精确估算某一区域森林的碳储量，有必要区分不同森林类型的含碳量。重庆市主要森林类型的建群树种是马尾松（针叶林）、杉木（针叶林）、柏木（针叶林）、栎类（阔叶林）、青冈（阔叶林）等。通过查找资料和文献分析得到重庆市各主要森林类型的含碳量，然后统计针叶林和阔叶林的含碳量，得到针叶林的含碳量为 52.82%，阔叶林的含碳量为 49.37%；针阔混交林则取它们的均值，为 51.09%。森林固碳的评价方法，这里采用森林生物量扩展法。其基本思路为：以森林生物量为计算基础，结合土地覆盖类型和各种森林类型的含碳量，计算对应的森林类型的固碳量。

从地理位置分析森林生态系统的碳储量分布，数值较高的区域主要分布在以下 5 个区域：北碚缙云山、江津四面山、南川金佛山、涪陵武陵山、渝东北大巴山，其碳储量明显高于其他地方，是整个市区植被资源的重要储存地。江津南部四面山区域面积小，但是碳储量分布相对集中；渝东北大巴山区域面积较大，碳储量分布相对分散，但是该区域碳储量密度较高，这些可能与当地长期的森林保护有着密切的关系。重庆市各区县森林碳汇量分布格局中，西部各区县的碳汇能力普遍都比较低，与重庆两翼各区县的碳汇能力相差甚远。重庆市森林生态系统中，以针叶林的碳汇量最大，占重庆市碳汇总量的 75%左右，比阔叶树种要大很多。

通过统计分析，重庆森林生态系统碳储量总量为 6.29×10^7 t，其平均单位面积碳储量为 22.01 t/hm^2。本研究通过遥感反演重庆碳储量估算结果，与他人研究成果相比，重庆市 2002 年森林植被碳储量约为 4.73×10^7 t，虽有差别（由于研究方法和基础数据不同），但总体误差不大，证实通过遥感反演碳储量可以有效地反映真实的重庆森林碳汇能力。

大气、太阳几何照明、土壤湿度亮度和颜色在不同区域、不同时间存在差异，导致光谱植被指数的适用性不太理想。采用统计学方法先分析各个植被指数与研究区监测生物量的相关性大小，选出监测能力最佳的植被指数用于建立反演模型。本研究选择 5 个常用植被指数，利用 SPSS 17.0 软件，将植被指数作为因变量，与对应的地面调查点生物量数据进行相关分析。利用 70%的样点数据构建生物量模型，其余的用于检验模型精度，随机抽取的方法选择。最后确定 110 个建模样点，48 个验证样点。各类植被指数进行回归分析，结果见表 7-2。

表 7-2 植被指数与地面调查生物量相关分析结果

参数	ARVI	EVI	MSAVI	NDVI	RVI
Pearson 相关系数	0.323	–0.337	0.847**	0.558**	0.524**
显著性水平	0.546	0.574	0.000	0.002	0.022
样本数	110	110	110	110	110

**表示 0.01 的显著性水平

根据分析结果，选择相关性最高的指数 MSAVI 构建经验模型。经验模型包括线性函数、指数函数、对数函数、幂函数、双曲线函数、多项式等多种模型形式。由于增加模型的参数或无限提高多项式的阶次可能会违背生物学规律，本研究按照“模型尽可能简单，相关系数最大，标准差最小，兼顾 F 检验最优”的原则挑选最佳回归方程[77]。得到重庆市森林地上生物量遥感估算模型（图 7-1）：

$$Y=6.8711e^{3.5208\mathrm{MSAVI}} \tag{7-1}$$

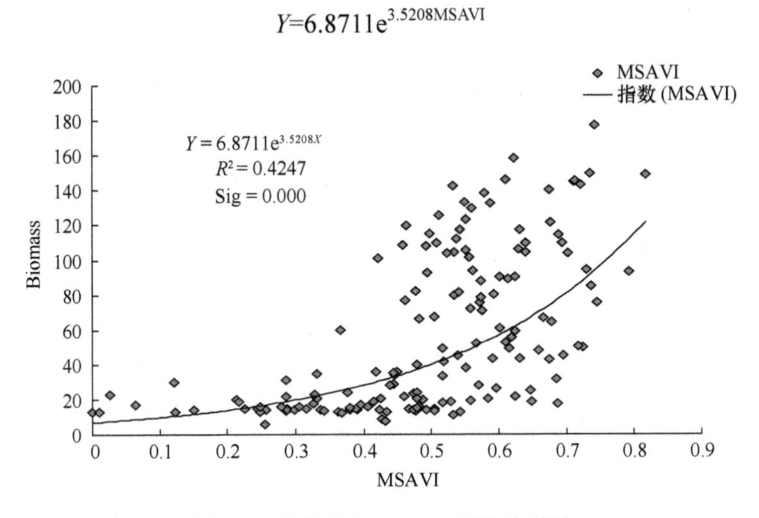

图 7-1 生物量与 MSAVI 指数关系图

重庆市森林生态系统 2006 年碳储量分布如图 7-2 所示，2006 年碳储量总量为 6194.5 万 t，平均单位面积碳储量为 21.62 t/hm^2，碳储量较高的区域主要分布在北碚缙云山、江津四面山、南川金佛山，涪陵武陵山与渝东北大巴山，明显高于其他地方，是整个市区植被资源的重要储存地。江津南部四面山区域面积小，但是碳储量分布相

对集中，渝东北大巴山区域面积较大，碳储量分布较多。

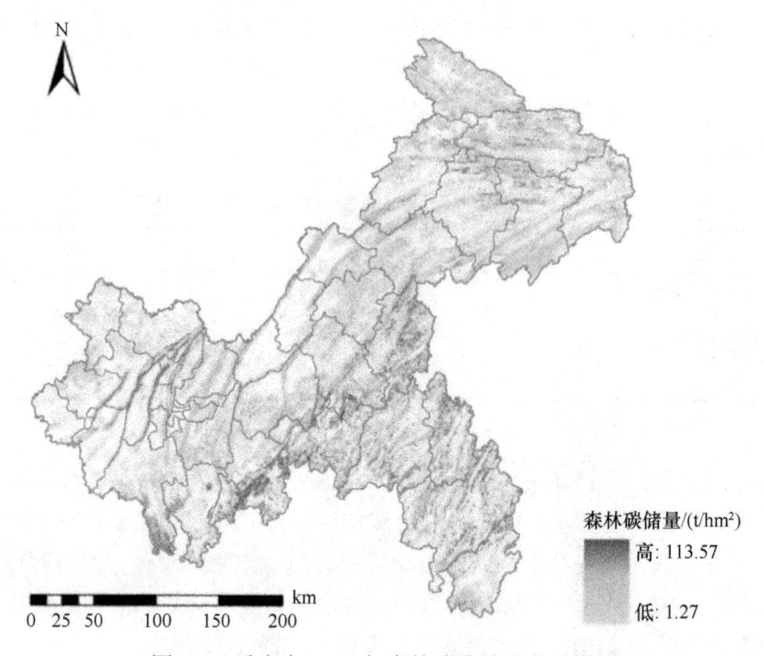

图 7-2 重庆市 2006 年森林碳储量分布示意图

2011 年重庆市的碳储量总量为 6290.2 万 t，平均单位面积碳储量为 22.65 t/hm^2。与 2006 年相比，重庆市 2011 年森林碳储量增长了近 100 万 t，但分布格局与 2006 年差别不大。评价引用 Fankhauser 等的研究成果进行估算，得到 2006 年森林碳累积的总价值为 67.52 亿元，2011 年森林碳累积的总价值为 72.3 亿元。

7.2.3 水源涵养

7.2.3.1 产水量

基于 InVEST 产水量模型，将降水量、土壤深度、生态系统类型、植物可利用有效土壤含水量、潜在蒸散量等数据输入模型，得到重庆市产水量分布图（图 7-3）。从重庆市各像元产水量图空间分布来看，径流产量较多的地区主要分布在不透水地面集中的重庆主城区和植被稀疏或无植被覆盖的重庆东北部和东南部地区。中部部分区域径流产量较高，与其土壤类型、降水程度和地区蒸散程度相关。径流产量较少的地区主要分布在植被覆盖较好的西南地区（自然保护区）和西部主要山脉。通过分析重庆市各流域产水量分布图，年均产水量较高的流域主要分布在东北部城口县和云阳县、东南部的秀山土家族苗族自治县（秀山县）和西部的璧山区。统计分析重庆市产水量图，得到重庆市 2011 年年均产水量为 601.59 亿 m^3，平均单位面积产水量为 73.9 万 m^3/（$km^2 \cdot a$）（图 7-4）。

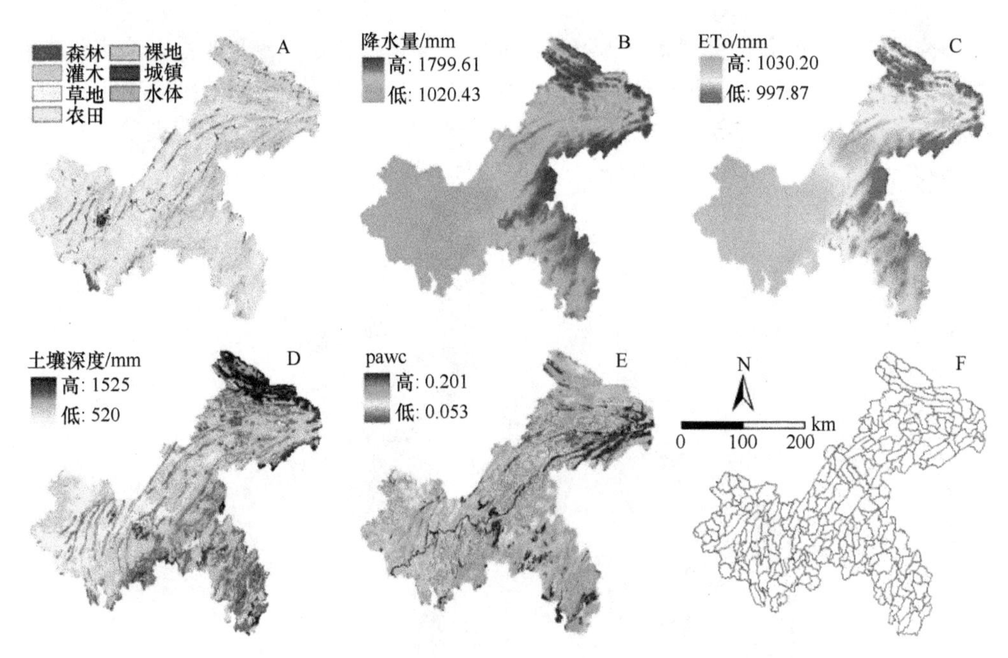

图 7-3 生态系统类型、降水量、潜在蒸散量、土壤深度、植物可利用有效土壤含水量、流域和子流域示意图

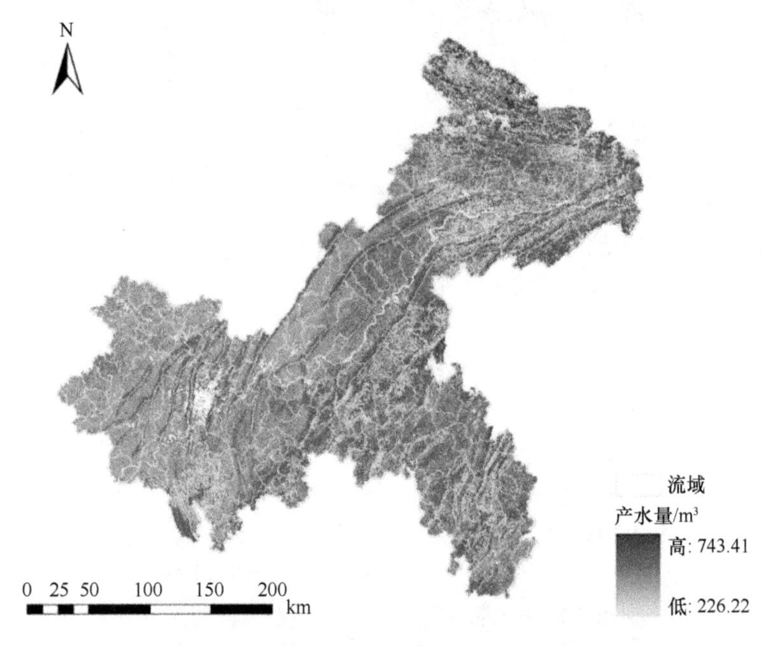

图 7-4 重庆市 2011 年产水量分布示意图

7.2.3.2　调节径流量

假设植被生态系统类型转变为裸地，此时的栅格或流域产水量为潜在产水量，潜在产水量与实际产水量之差为调节径流量。基于以上假设，得到重庆市 2011 年调节径流量分布图（图 7-5），调节径流量为 412.89 亿 m^3，平均单位面积调节径流量为 52.8 万 m^3/（km^2·a）。其中森林生态系统的总调节径流量为 169.61 亿 m^3，占年径流调节量的 41.08%。

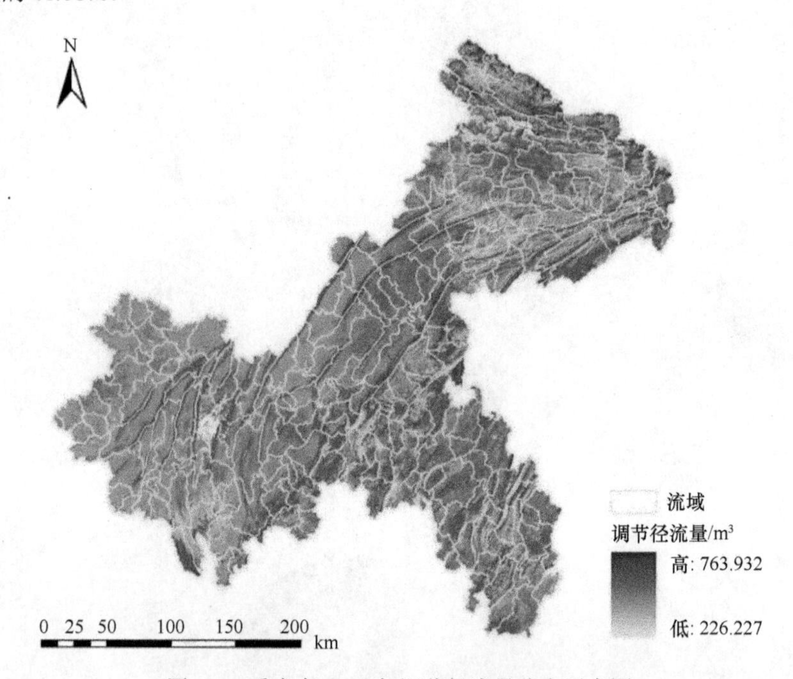

图 7-5　重庆市 2011 年调节径流量分布示意图

调节径流功能强的地区主要分布在植被覆盖较好的地区，如西南自然保护区、西部主要山脉、东北部和东南部植被茂盛的高山地区。调节径流功能弱的地区主要分布在重庆主城区和植被稀疏或无植被覆盖的地区。

基于相同方法得到 2006 年调节径流量分布图，发现 2006 年重庆生态系统调节径流量为 394.82 亿 m^3（图 7-6），平均单位面积调节径流量为 50.49 万 m^3/（km^2·a）。森林生态系统类型 2006 年调节径流量为 159.92 亿 m^3，占年径流调节量的 40.50%。

与 2006 年相比，2011 年生态系统调节径流量提高了 18.07 亿 m^3，森林生态系统的调节径流量由 159.92 亿 m^3 增加至 169.61 亿 m^3，提高了 9.69 亿 m^3。

利用替代工程法，以水库建造成本来进行功能价值量评价，以单位库容造价 6.11 元/m^3 估算，重庆市 2006 年森林生态系统涵养水源价值为 977.11 亿元，2011 年价值为 1036.32 亿元，2006～2011 年增加了 59.21 亿元。

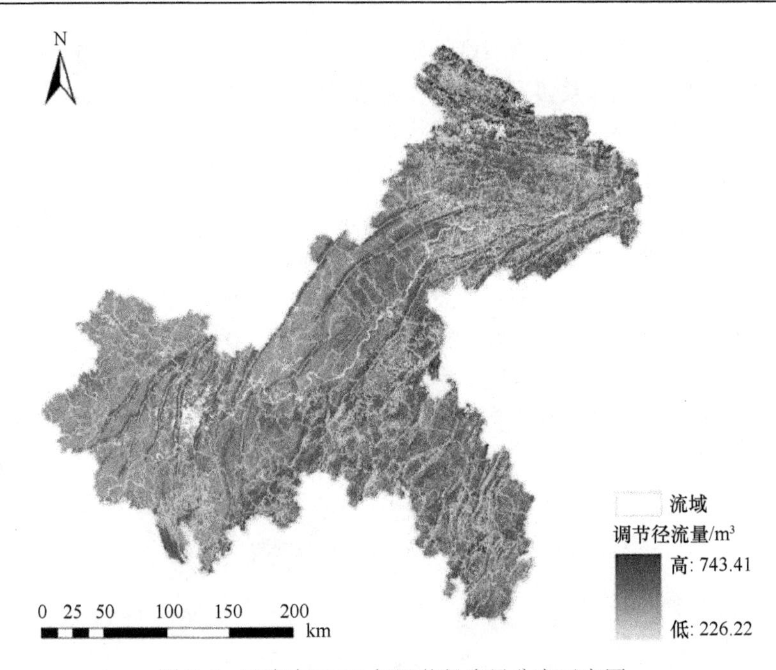

图 7-6 重庆市 2006 年调节径流量分布示意图

7.2.4 土壤保持

土壤侵蚀被认为是当今全球土壤退化的主要形式之一，也是中国面临的主要环境问题之一，它不仅破坏土地资源，引起土地生产力下降，而且造成泥沙淤积于河湖塘库中，加剧流域洪涝和干旱等灾害的发生，严重威胁着人类的生存和发展。针对土壤侵蚀区域，对土壤保持的定量研究为区域生态系统的科学管理和减缓区域土壤侵蚀提供了科学支持。随着土壤侵蚀研究方法和技术的成熟，生态系统土壤保持功能的评估也越来越精确，目前已成为生态学研究的热点。

根据遥感调查，我国现有土壤侵蚀面积为 360 万 km^2，占国土面积的 37.5%，每年土壤侵蚀量可达 50 亿 t。由于我国西部地区地貌类型多样，地质构造复杂，山地丘陵较多，大部分地区植被稀少，土壤侵蚀严重且形式多样，已成为我国土壤侵蚀的主要集中区域。重庆市位于我国西部地区的腹心地带，三峡库区的上游，是长江流域重要的生态屏障和全国水资源战略储备中心，地理位置十分重要，其水土流失状况不仅影响三峡水利枢纽工程的安全运行，而且对整个长江流域生态安全起着举足轻重的作用。

近些年来随着经济高速发展，土地覆盖类型和植被生长状况发生着巨大的变化。这些变化必然会影响重庆市的土壤侵蚀和土壤保持状况，进而影响重庆市经济和环境的可持续发展。因此，定量分析重庆地区土壤侵蚀量和土壤保持，客观认识重庆市生态系统的土壤保持功能，确定重点水土保护区域及减缓下游三峡水库的潜在威胁，对于实现重庆市的可持续发展具有重要现实意义。

以往的研究多是基于植被类型的最大盖度计算 *C* 值，进而核算生态系统的土壤保持价值，易导致土壤保持量偏大，进而可能高估生态系统的土壤保持价值。本研究基于植被覆盖度和土地覆盖类型图，通过查表法，构建每个像元在不同土地覆盖类型和不同植被覆盖度下的 *C* 值图层。与单一的用土地覆盖类型图赋予 *C* 值法相比较，本研究选用的方法充分考虑了植被覆盖密度对土壤侵蚀的影响，更接近实际。通过对比分析各图，发现各土地覆盖类型的实际植被覆盖状况并不是均一的，而是随空间和时间而变化。森林类型的植被覆盖度明显存在空间上的异质性，山区森林类型的覆盖状况明显优于地势平坦区域的森林类型。山区的森林类型郁闭度大，林下枯落物和杂草丰厚，具有一定的截持降雨能力，大气降雨的雨滴不能直接掉落到裸土表面，从而避免了雨滴直接击溅土壤，并且根系发达，使其具有更好的保土性能。因此通过结合植被覆盖图计算 *C* 值，能反映出更多的细节，使土壤侵蚀结果更加精确。

7.2.4.1　土壤侵蚀

由于重庆地处三峡库区腹心地带，是长江流域重要的生态屏障和全国水资源战略储备库，生态区位十分重要[79]。重庆地区森林资源的管理和坡地植被覆盖的维护对大面积的土壤侵蚀有着重要的作用。重庆每年的土壤侵蚀不仅破坏土地资源，引起土地生产力下降，而且造成泥沙淤积于河湖塘库中，加剧流域洪涝和干旱等灾害的发生，对人们的正常生产生活和下游的三峡水库构成潜在威胁。定量分析重庆的土壤侵蚀量和土壤保持量，对于确定重点水土保护区域，确认森林工程实施的重要性，制订相应的规划措施等具有重要意义。

根据土壤流失方程和相关公式，运用 GIS 软件计算出重庆地区的 *R* 因子、*K* 因子、LS 因子、*C* 因子分布图。其中 *C* 因子基于遥感分类的植被覆盖度计算得到（图 7-7）。

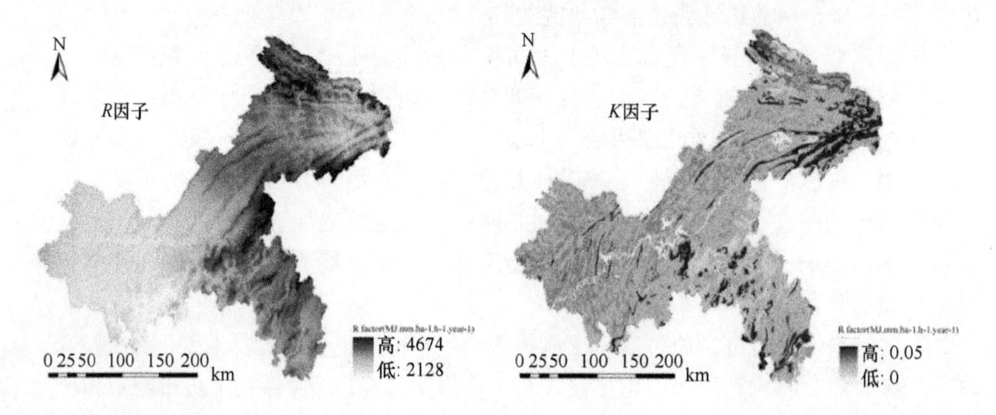

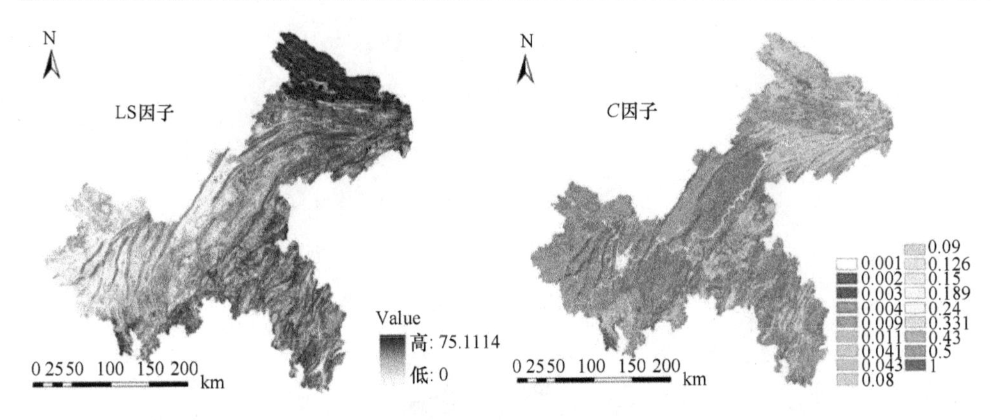

图 7-7　重庆土壤流失 *R*、*K*、LS、*C* 因子分布示意图

基于上面各因子栅格图层，将各因子连乘后，得到重庆市各像元土壤侵蚀图，从空间分布来看，土壤侵蚀较严重的地区主要分布在植被稀疏或无植被的东北部、中部和东南部陡坡地区。统计结果表明，重庆市 2006 年土壤侵蚀量为 2.55 亿 t/a，平均土壤侵蚀模数为 3105.68 t/（km^2·a），属于中度侵蚀。重庆市 2011 年土壤侵蚀量为 2.23 亿 t/a，平均土壤侵蚀模数为 2710.59 t/（km^2·a），属于中度侵蚀（图 7-8，图 7-9）。

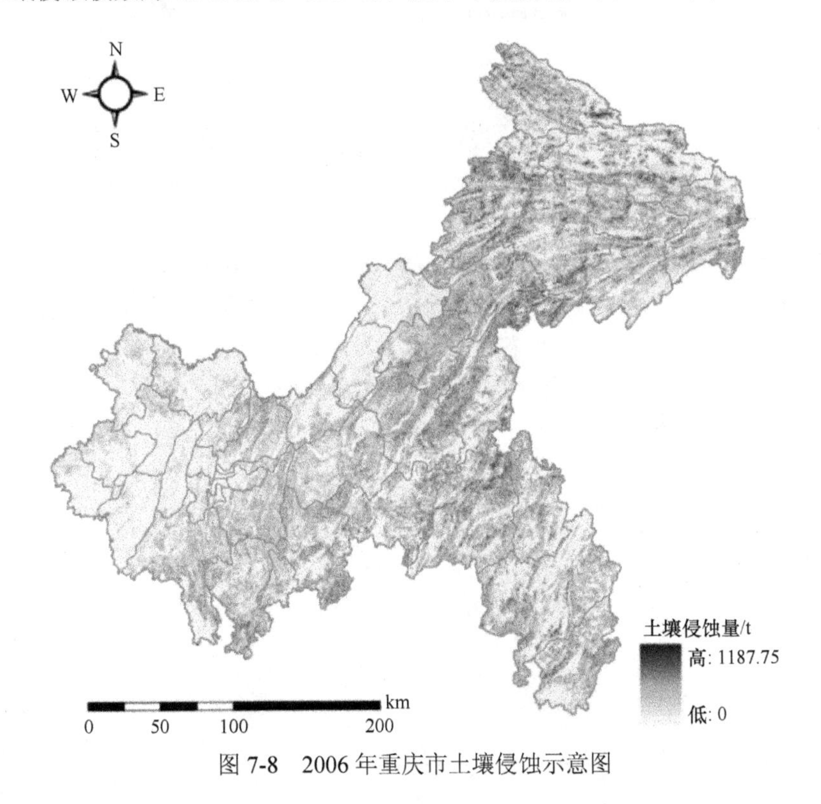

图 7-8　2006 年重庆市土壤侵蚀示意图

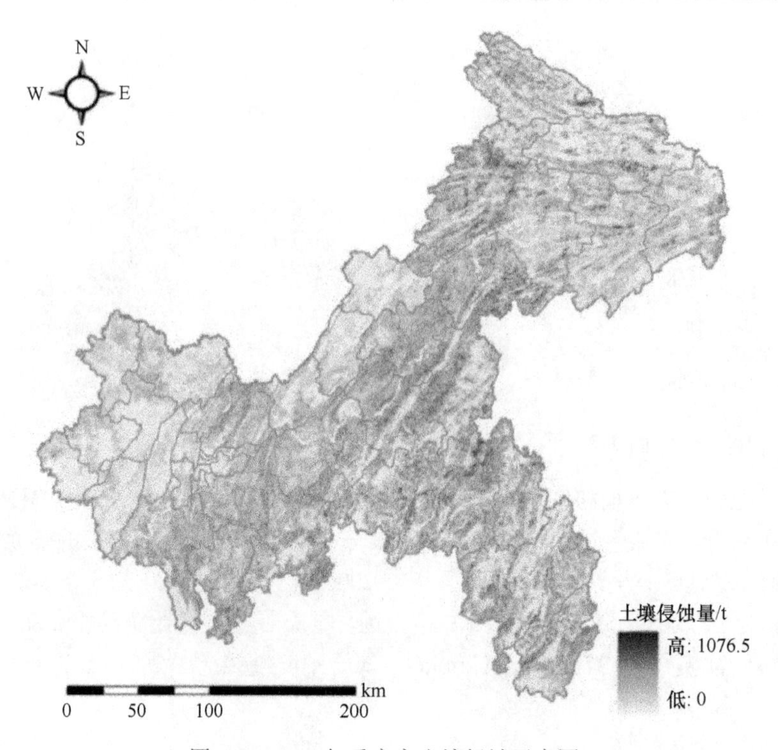

图 7-9　2011 年重庆市土壤侵蚀示意图

根据水利部颁布的土壤侵蚀分级标准，对重庆市土壤侵蚀图进行分类，将其分为微度、轻度、中度、强度、极强度和剧烈侵蚀 6 类（表 7-3，表 7-4）。其中，重庆市 2006 年土壤微度侵蚀面积占总面积的 53.07%，轻度侵蚀面积占 18.95%，中度侵蚀面积占 5.26%，强度侵蚀面积占 6.83%，极强度侵蚀面积占 9.64%，剧烈侵蚀面积占 5.23%。重庆市 2011 年土壤微度侵蚀面积占总面积的 55.54%，轻度侵蚀面积占 19.11%，中度侵蚀面积占 6.07%，强度侵蚀面积占 6.56%，极强度侵蚀面积占 8.66%，剧烈侵蚀面积占 4.06%。极强度侵蚀与剧烈侵蚀所占面积比例较大，该区域主要位于东北部和东南部植被覆盖度低或无植被的山区，土壤流失风险较大（图 7-9）。

表 7-3　重庆市土壤侵蚀强度分级（2006 年）

侵蚀分级	侵蚀模数/［$t/(km^2·a)$］	侵蚀面积/km^2	所占比例/%
微度侵蚀	<500	43 799.84	53.07
轻度侵蚀	500～2 500	15 642.60	18.95
中度侵蚀	2 500～5 000	5 161.59	6.25
强度侵蚀	5 000～8 000	5 638.28	6.83
极强度侵蚀	8 000～15 000	7 959.66	9.64
剧烈侵蚀	＞15 000	4 318.35	5.23

表 7-4 重庆市土壤侵蚀强度分级（2011 年）

侵蚀分级	侵蚀模数/［t/(km²·a)］	侵蚀面积/km²	所占比例/%
微度侵蚀	<500	45 834.41	55.54
轻度侵蚀	500～2 500	15 776.33	19.11
中度侵蚀	2 500～5 000	5 017.20	6.07
强度侵蚀	5 000～8 000	5 386.63	6.52
极强度侵蚀	8 000～15 000	7 148.86	8.66
剧烈侵蚀	>15 000	3 356.89	4.06

通用土壤流失模型校验的结果如图 7-10 所示，由图可知 R^2 都在 0.85 以上，这表明模型能对研究区土壤侵蚀量有较好的模拟。

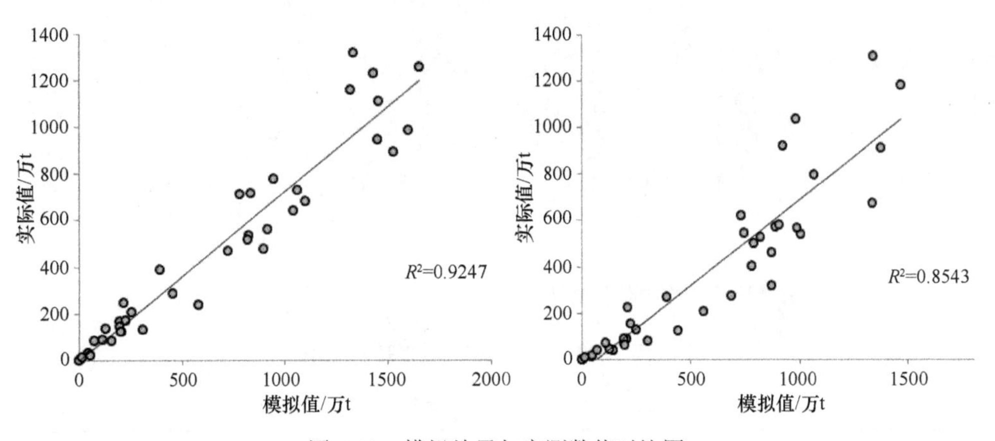

图 7-10 模拟结果与实测数值对比图

7.2.4.2 土壤保持量

潜在土壤侵蚀量和实际土壤侵蚀量的差值就是因植被覆盖和实施土地管理措施而减少的土壤侵蚀量，即土壤保持量。

1）2006 年土壤保持量

基于 2006 生态系统分类图，用同样的方法，统计出 2006 年重庆生态系统土壤保持总量为 14.17 亿 t/a，平均单位面积的土壤保持量在 1.74 万 t/（km²·a）左右。其中森林、灌丛和农田生态系统的年均土壤保持量较大，占总土壤保持比例分别为 54.62%、24.51%和 18.57%。单位面积土壤保持量较大的主要生态系统类型为森林、灌丛和草地，单位面积保持能力分别为 27 142.51 t/（km²·a）、25 693.53 t/（km²·a）和 29 184.78 t/（km²·a），草地土壤保持效率最高主要是因为其所在区域潜在土壤流失量大和实际土壤流失量小。森林生态系统在土壤保持中作用明显，占了整个重庆土壤保持总量的 54.62%

（图 7-11，表 7-5）。

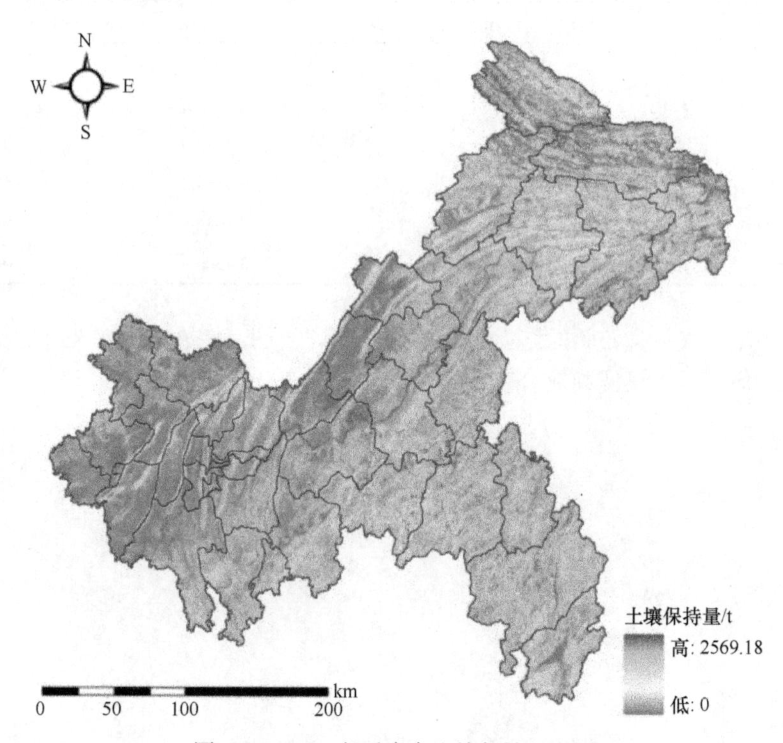

图 7-11 2006 年重庆市土壤保持示意图

表 7-5 重庆市 2006 年各生态系统土壤保持状况

生态系统	保持总量/（亿 t/a）	单位面积保持量/［t/（km²·a）］	保持面积/km²	占总面积比/%
农田	2.66	7 106.58	37 190.70	18.57
森林	7.86	27 142.51	28 641.63	54.62
灌丛	3.52	25 693.53	13 589.95	24.51
草地	0.13	29 184.78	395.17	2.83

2）2011 年土壤保持量

重庆 2011 年土壤保持量约为 14.48 亿 t/a，土壤保持量较高区域集中在植被覆盖度高的渝东北、渝东南、渝中高山地区。平均单位面积的土壤保持量在 1.78 万 t/（km^2·a）左右，其中森林、灌丛和农田生态系统的年均土壤保持量较大，占总土壤保持比例分别为 57.59%、24.72%和 15.32%。单位面积土壤保持量较大的主要生态系统类型为森林、灌丛和草地，单位面积保持能力分别为 27 782.64 t/（km^2·a）、26 746.98 t/（km^2·a）和 29 267.18 t/（km^2·a），草地土壤保持效率最高主要是因为其所在区域潜在土壤流失量大和实际土壤流失量小（图 7-12）。森林生态系统在土壤保持中作用明显，占了整个重庆土壤保持总量的 57.59%。随着重庆森林工程的实施，森林覆盖度提高，土壤保持生态效益也会进一步增强，这对改善和提高重庆整体生态效应具有重要意义（表 7-6）。

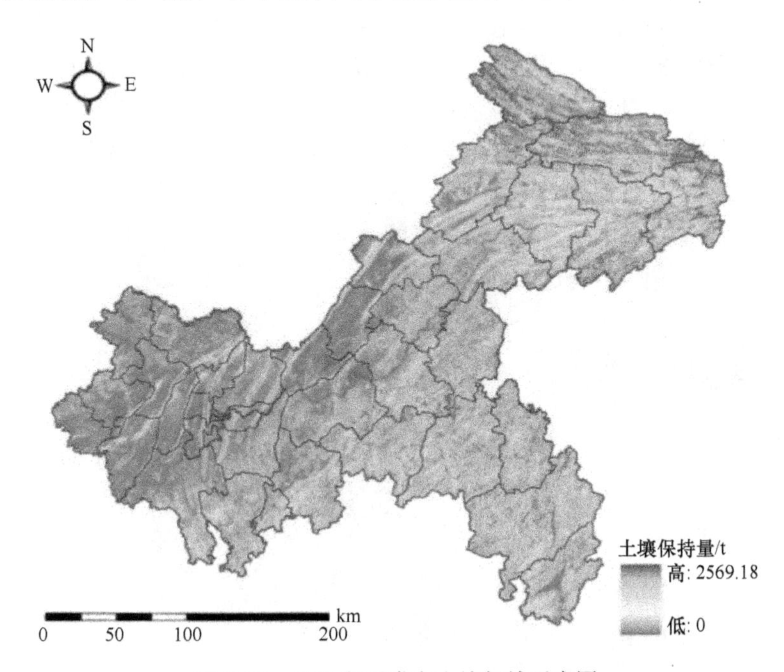

图 7-12　2011 年重庆市土壤保持示意图

表 7-6　重庆市 2011 年各生态系统土壤保持状况

生态系统	保持总量/（亿 t/a）	单位面积保持量/［t/（km^2·a）］	保持面积/km^2	占比/%
农田	2.25	6 499.20	34 635.90	15.32
森林	8.45	27 782.64	30 454.75	57.59
灌丛	3.63	26 746.98	13 571.25	24.72
草地	0.15	29 267.18	555.23	1.09

随着生态系统类型和植被覆盖度的不同，各类生态系统类型对土壤保持价值的差别很大。由结果分析可见：重庆 2011 年森林生态系统单位面积土壤保持价值最高，为 1097.4 元/（hm^2·a），其次为灌丛生态系统、草地生态系统和农田生态系统，分别为 1079.1 元/（hm^2·a）、976.1 元/（hm^2·a）和 347.2 元/（hm^2·a）。结果表明在重庆独有的地形条件和自然气候下，森林生态系统对区域土壤保持有着巨大的经济价值，应进行科学的管理和保护。相对于 2001 年，重庆 2011 年森林生态系统土壤保持总价值和单位面积价值均有所提高，分别增长了 3.5×10^4 万元和 8.4 元/（hm^2·a），说明重庆

2011 年森林面积和覆盖度增长迅速，植被生长状况良好，土壤保持的经济效益得到增强。

生态系统在土壤保持中发挥了巨大的作用，2011 年重庆地区生态系统土壤保持的总经济价值约为 6.18×10^5 万元，其中森林生态系统土壤保持价值量最大，约占总量的 53.93%。相对于 2006 年，森林生态系统土壤保持总价值和单位面积价值均有所提高，进一步表明研究区森林面积和覆盖度增长迅速，植被生长状况良好，土壤保持的经济效益得到增强（图 7-13）。土壤保持单位价值量较高且具有明显的空间差异，高值区主要分布在研究区的东部山区（城口县—秀山县），主要是由于地区的人口密度低，森林覆盖率高；低值区主要分布在研究区的西部平原区，主要是由农田和建设用地分布广泛、自然生境破碎化较严重造成的。

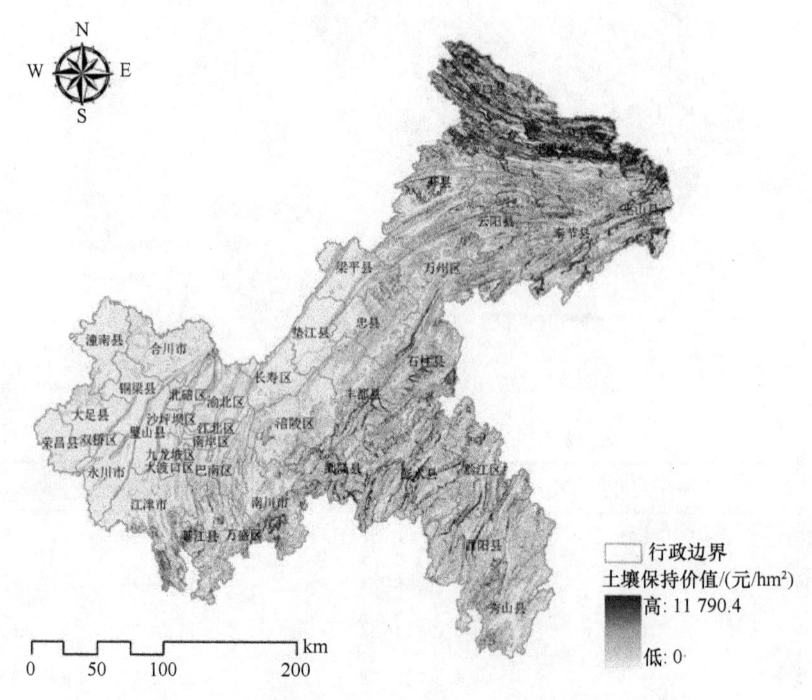

图 7-13　重庆 2011 年土壤保持价值空间分布示意图

3）2006～2011 年土壤保持量变化分析

经过近 5 年的时间，重庆土壤保持量由 14.36 亿 t/a 增加到 14.69 亿 t/a，提高了 0.33 亿 t/a，约为 2006 年的 2%。与 2006 年相比，2011 年森林生态系统的土壤保持能力与保持总量都有所提高，2011 年森林生态系统土壤保持能力增加了 640.13 t/（$km^2 \cdot a$），总土壤保持量由 7.86 亿 t/a 增加至 8.45 亿 t/a。

根据近年来国产化肥平均价格，以尿素为 2000 元/t，过磷酸钙为 500 元/t，氯化钾为2000元/t计算，2006年重庆市森林生态系统土壤肥力保持价格为63.70亿元，2011年增至64.33亿元。如果在水土流失严重的东北和东南山区，进行有效的森林植被恢复和管理，重庆生态系统土壤保持能力将会得到显著增强。

7.2.5 生物多样性保护

基于土地利用图、与土地利用相关的生境可持续性和生境受威胁密度，用InVEST生物多样性模型模拟了重庆2006年和2011年的生境质量空间分布。

基于地表景观类型的重庆2006年和2011年生境质量图见图7-14，其中质量等级越高代表相对生境质量越好（相对生境质量表示，相对于2002年，重庆2006年和2011年的生境质量状况）。从图中可知，基于Natural Breaks法将重庆市生境质量等级空间分布划分为10个等级。位于自然保护区的高海拔山区由于受到人类活动干扰较少，其生境质量较好。渝东北和渝西南的自然保护区生境质量最高，其次为植被覆盖较好的山区（如渝中区高海拔区域）。而重庆主城区生境质量等级最低，不属于生物生境区域。城市周边（郊区）的生境质量较差（质量等级低），主要是因为受城市化的影响，原有自然和非自然景观类型逐渐被不透水地面取代。从表7-7可知，生境质量整体呈现变差趋势，最高生境质量面积（等级10）从2006年的59 290.21 km^{2}降低到

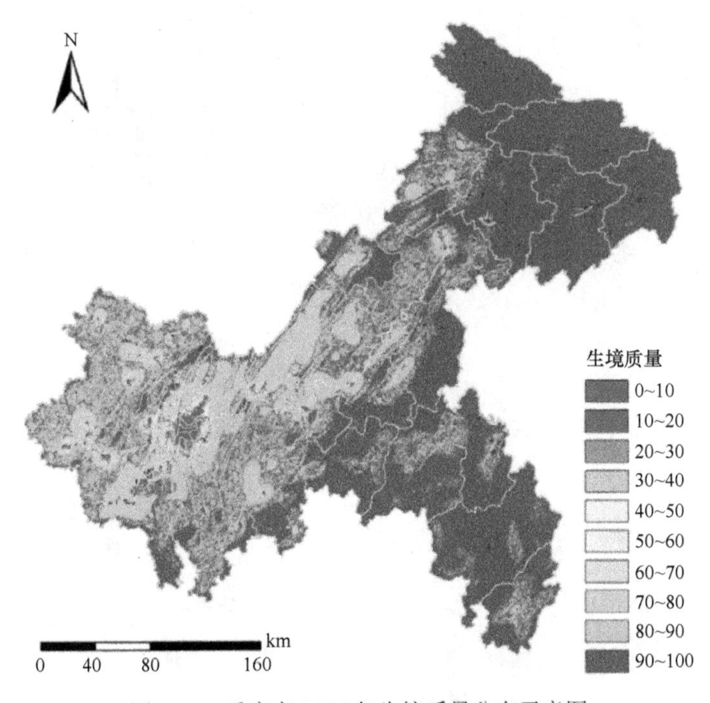

图7-14 重庆市2006年生境质量分布示意图

58 435.86 km²。同时，最低生境质量面积（等级 1）却在缓慢增加，从 2006 年的 1168.55 km² 增加到 2011 年 1189.48 km²，说明重庆近几年来城市化进程在加快，对生境质量造成了诸多不利的影响（图 7-15）。

表 7-7　重庆市 2006～2011 年生境质量等级变化　（单位：km²）

生境等级	面积（2006 年）	面积（2011 年）
1	1 168.55	1 189.48
2	44.90	46.70
3	67.53	76.68
4	120.65	139.34
5	366.21	392.07
6	852.73	881.53
7	2 306.80	2 384.65
8	4 738.80	4 939.71
9	13 809.97	14 041.64
10	59 290.21	58 435.86

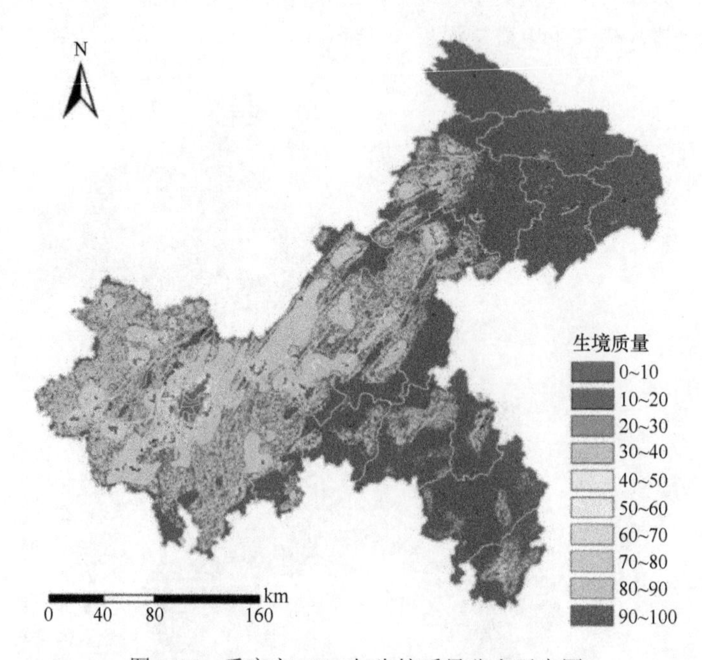

图 7-15　重庆市 2011 年生境质量分布示意图

由于人工地面的扩张，对周边生境质量产生较大的干扰，本研究在不考虑人工表面扩张的情景下，只分析森林类型变化对生境质量的影响（表 7-7）。对比分析两年结果，2011 年相对于 2006 年重庆生境质量有所提高（2006 年质量总数为 7 467 290，2011 年质量总数为 7 516 410）。主要发生在渝东南、渝中和渝东北的陡坡山地区域。从表 7-8 可知，生境质量整体呈现变好趋势，最高生境质量面积（等级 10）从 2006 年的 59 290.21 km^2 增加到 60 722.67 km^2。同时，最低生境质量面积（等级 1）在缓慢下降，从 2006 年的 1168.55 km^2 降低到 2011 年 1117.762 km^2。重庆近几年来城市化进程在加快，对生境质量造成了诸多不利的影响，但森林工程的实施在一定程度上缓解了这种不利的干扰（表 7-8）。

表 7-8 重庆市 2006～2011 年生境质量等级变化 （单位：km^2）

生境等级	面积（2006 年）	面积（2011 年）
1	1 168.55	1 117.762
2	44.90	45.36
3	67.53	67.93
4	120.65	110.64
5	366.21	365.02
6	852.73	817.49
7	2 306.80	2 156.15
8	4 738.80	4 535.47
9	13 809.97	12 922.69
10	59 290.21	60 722.67

7.2.6 气候调节

从图 7-16 可知，重庆市蒸散量总体分布均匀。水体和植被覆盖状况较好的地区，年均蒸散量较高，城镇区域由于不透水地面较多，植被覆盖较少，年均蒸散量较低。森林具有显著的降温增湿效应，对缓解城市热岛效应起到了重要的作用。

基于上述蒸散量遥感反演结果，通过单位运算得到重庆年均蒸散吸热能量效应分布图（图 7-17）。重庆市森林蒸腾耗水量为 290.24 亿 t/a，蒸腾吸热为 7.11×10^{16} kJ/a。用空调降温来换算森林生态系统的吸热降温效果，根据热当量换算公式：1 kJ = 2.778×10^{-4} kW·h，则蒸腾吸热为 1.98×10^{13} kW·h/a。如果按 0.4 元/（kW·h），夏季长达约 100 d（侯温 22℃以上），空调每天连续工作 12 h，空调效率为 2.8，那么重庆市 2011 年森林生态系统降温的年经济效益为 3875.21 亿元。其中重庆主城区森林生态系统降温的年经济效益为 102.80 亿元。

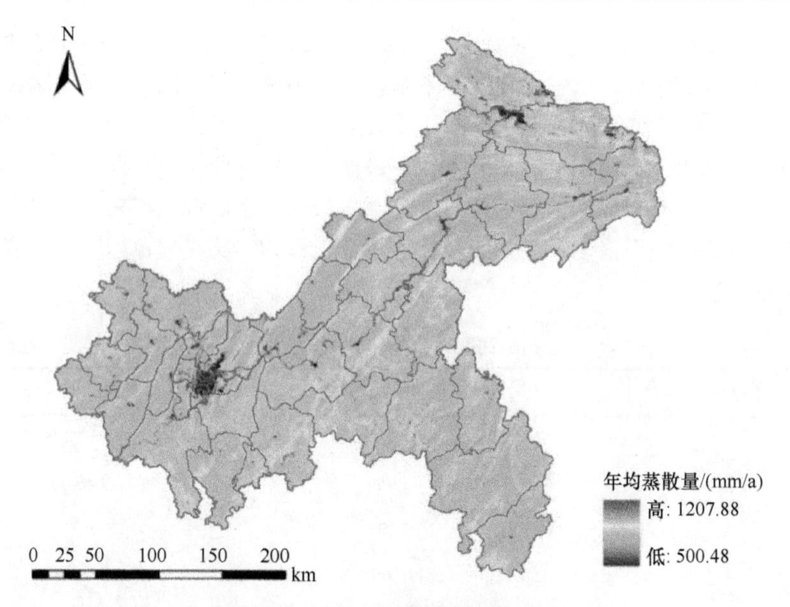

图 7-16　重庆市年均蒸散量示意图

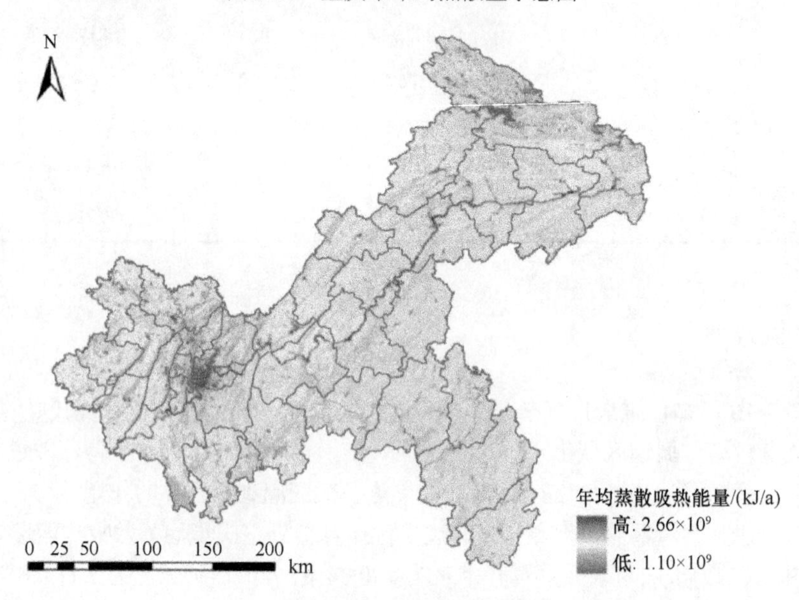

图 7-17　重庆年均蒸散吸热能量效应示意图

基于同样的方法计算得出重庆市 2006 年森林蒸腾耗水量为 273.65 亿 t/a，蒸腾吸热为 6.70×10^{16} kJ/a。用空调降温来换算森林生态系统的吸热降温效果，则蒸腾吸热为 1.86×10^{13} kW·h/a，估算得到重庆市 2006 年森林生态系统降温的年经济效益为 3653.77 亿元。其中重庆主城区森林生态系统降温的年经济效益为 96.92 亿元。

2006～2011年，重庆市森林生态系统气候调节价值由3653.77亿元增加至3875.21亿元，净增加了221.44亿元。其中重庆主城区净增加了5.88亿元。

7.2.7 景观旅游

景观资源的旅游价值通过计算总旅游收入中相应系统景观的贡献比例来获得。在重庆森林工程对旅游业影响评价中，应判断重庆森林工程给旅游业的收入带来多大的影响[80]。

2006年重庆市森林公园接待国内外游客547 253人，其中市内游客约占55%，市外游客约占45%。根据重庆市旅游局的相关资料，游客的消费构成为：购物占16.8%，餐饮占14.0%，门票占12.3%，长途交通占17.1%，市内交通占3.0%，住宿占30.4%，娱乐占6.4%（表7-9）。由此得出重庆市森林公园国内游客部分的旅行成本为314.62元/人，总旅行费用为450.6亿元。

表7-9 重庆市森林公园国内游客消费构成

项目	购物	餐饮	门票	长途交通	市内交通	住宿	娱乐	合计
比例/%	16.8	14.0	12.3	17.1	3.0	30.4	6.4	100.00
费用/元	15	12.5	11	15.3	2.7	27.2	5.7	89.40

2011年重庆市森林公园接待市外游客687 437人，根据重庆市旅游局的相关资料，重庆市入境游客的消费构成为：市内交通占24.3%、购物占21.2%，住宿占17.7%，门票占8.1%，餐饮占10.2%，娱乐占5.3%。采用与国内游客同样的计算方法，得出入境游客重庆市森林公园的费用份额和游客消费构成，见表7-10，得到重庆市森林公园入境游客部分的旅行成本为532.13元/人，总旅行费用为702.0亿元。

表7-10 重庆市森林公园入境游客消费构成

项目	购物	餐饮	门票	长途交通	市内交通	住宿	娱乐	合计
比例/%	16.42	17.71	6.9	16.5	3.1	31.29	8.03	100.00
费用/元	19.00	20.50	8.00	19.10	3.60	36.20	9.30	115.70

2006年重庆市景观旅游总价值与2011年相比同比增长了251.4亿元，其中，重庆市市辖区景观旅游价值最高，约为158.7亿元。通过对比分析两个时期的景观旅游价值变化状况，得知重庆市市辖区景观旅游价值增长显著，约为72.6亿元。

从总量上看，2006年森林重庆工程给旅游业带来2.53亿元收入，占旅游业总产值的5.6%，2011年森林重庆工程给旅游业带来68.34亿元的收入，占旅游业总产值的3.13%，可见，重庆森林工程自身直接创造的直接经济价值虽然有限，但重庆森林工程对旅游业的发展起到了良好的促进作用（图 7-18，图 7-19）。

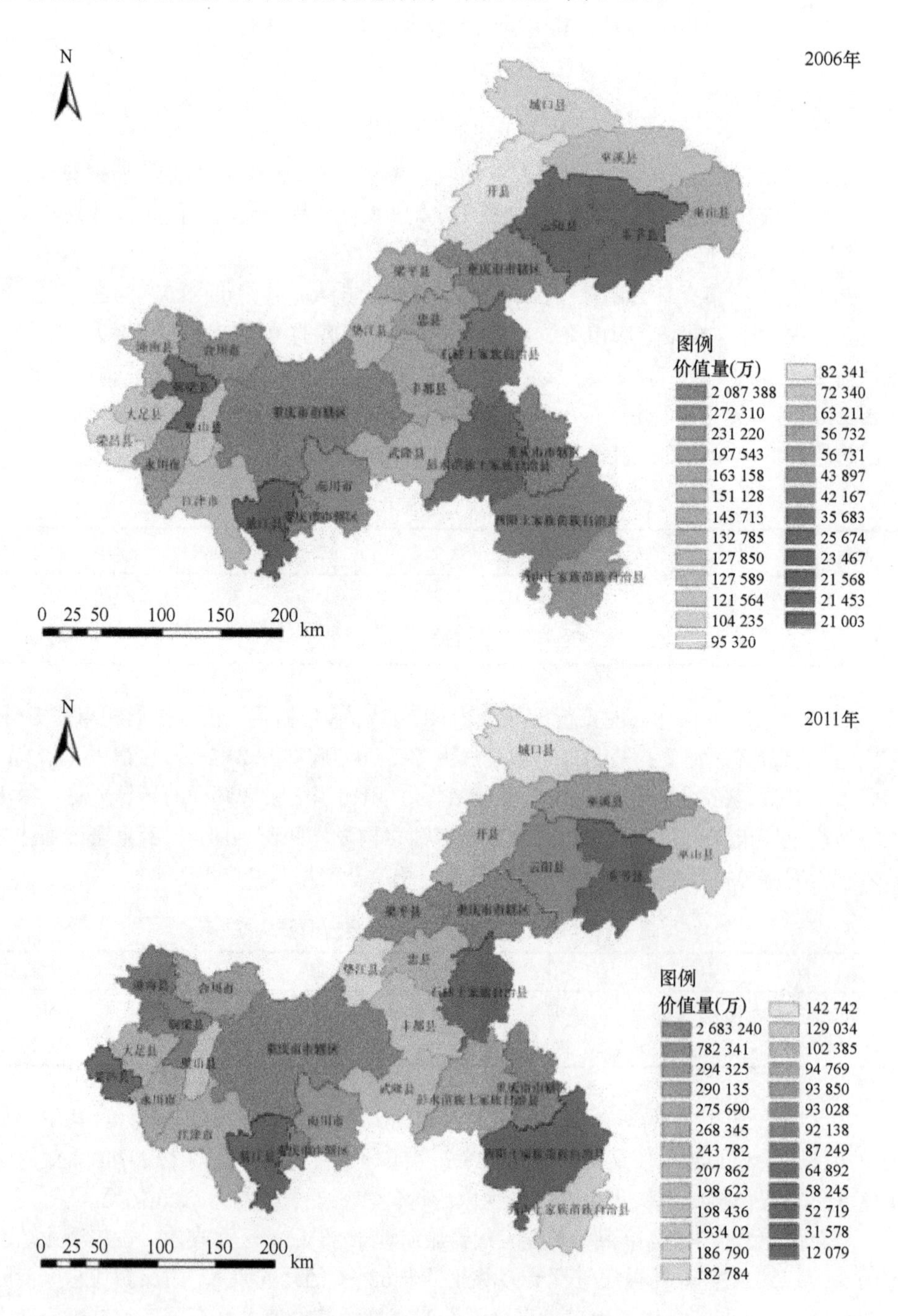

图 7-18 重庆市景观旅游价值示意图

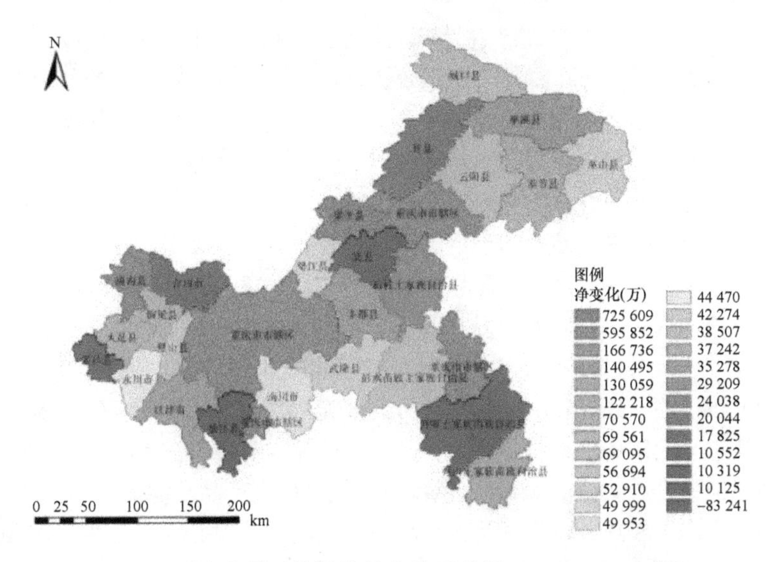

图 7-19　重庆市景观旅游价值变化示意图（2006～2011 年）

7.3　重庆市森林工程生态服务功能综合效益

由上述分析可以得出，2006 年重庆市森林生态系统服务功能总价值是 743.62 亿元。从具体的服务功能指标来看（图 7-20），其中提供林产品价值为 35.14 亿元（占 1%），气候调节功能价值为 913.44 亿元（占 36%），水源涵养价值为 977.11 亿元（占 38%），生物多样性价值 72.4 亿元（占 3%），碳固定价值为 59.2 亿元（占 2%）。所占比例最大的是涵养水源功能，其次是气候调节功能，最小的是提供林产品功能。从不同森林服务功能类型增长变化来看，服务功能价值增长最快的是景观旅游功能。

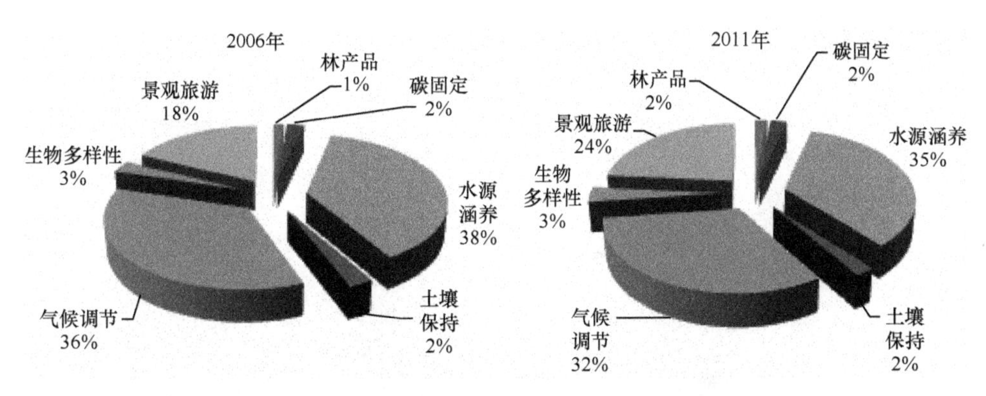

图 7-20　2006 年、2011 年生态系统服务功能价值构成

本研究参照千年生态系统评估框架，建立了重庆市森林生态系统服务功能价值评价指标体系，在分析重庆市森林生态系统提供的各项服务功能价值的基础上，计算了重庆市森林生态系统各项服务功能价值并对其总价值进行了分析。从提供的各种服务功能经济价值来看，重庆市森林生态系统以气候调节、水源涵养、景观旅游和生物多样性的价值为主，分别占总价值的36%、38%、18%和3%，说明它们提供主要的服务功能。以气候调节、水源涵养和土壤保持为主要服务功能类型，说明森林生态系统不仅提供各种林产品和林副产品，而且在气候调节、水源涵养等间接服务方面具有更重要的经济价值，因此，在资源开发和管理过程中要注意合理地利用森林资源。

在2006年的评价结果中，提供产品功能仅占总价值的1%，而气候调节功能是提供产品功能价值的36倍多，这充分说明了重庆市生态系统对于维系区域生态安全的重要性，其意义远比提供木材、林副产品和农产品大得多。在2011年的评价结果中，提供产品功能仅占总价值的2%，气候调节功能是提供产品功能价值的16倍多。随着重庆市知名度的不断提升，其景观旅游功能得以充分体现，达到提供产品功能价值的12倍多，说明重庆市生态系统的景观旅游功能、调节功能已经成为区域生态系统服务功能的主体。

森林生态系统除为社会提供直接产品价值外，还具有巨大的间接使用价值，而且这种价值对人类的贡献比提供的林产品价值更显著。客观地衡量森林生态系统的服务效能，对于森林资源保护及其科学利用具有重要意义。

8　重庆市森林生态系统典型服务功能预测研究

8.1　森林生态系统预测模型选择

由于土地利用/覆盖变化是反映人类活动对生态环境造成影响的一种重要途径，因此其变化预测模拟已成为生态环境领域研究的热点。近年来，关于土地覆盖变化预测模拟的相关研究越来越多，有大尺度的空间研究（全球范围），也有小区域的研究（流域）。由于各个模型选用的方法各具特点，对比分析多种预测模型的模拟能力是相当困难的。例如，一些模型，如 GEOMOD 模型，针对两类主要土地类型变化预测模拟，然而其他预测模拟，如 CA_MARKOV 模型能够预测模拟多种土地类型的变化。还有一些模型预测模拟变化是基于实际变量而不是类型变量。大部分的模型是基于栅格数据，但是有的模型是基于矢量数据。即使研究者使用相同的模型，由于研究区域的不一致，模型的模拟性能仍然不同。如果不考虑复杂的景观类型与数据质量，单独分析模拟结果的好坏将是十分困难的一件事。Pontius 等给出了 GEOMOD 模型最为完整的描述与应用。该模型被广泛地用于基准情景模拟，森林砍伐的碳抵消项目，要求国际社会对于全球气候变化达成一致见解，如《京都议定书》。

因此，本研究针对特定的研究区域——重庆市，选择适用性较强的 GEOMOD 模型来预测模拟重庆森林生态系统类型变化，以及其所带来的生态环境效益，并用统计方法验证模拟结果。

8.2　GEOMOD 模型简介

GEOMOD 是基于栅格数据预测土地利用/覆盖变化的模型，其能够预测某一时间点前后的土地类型空间变化。GEOMOD 模型主要根据 4 种判定规则来确定土地类型转化的具体空间位置，即景观类型的持久性、允许区域分层分析、领域约束条件、最适宜图层。

上述判定规则中最重要的是景观类型的持久性。基于该规则，GEOMOD 模型通过搜索具有最高适宜数值的其他类型的空间区域，来预测模拟研究类型的变化区域。

GEOMOD 模型适宜性图层构建步骤：①GEOMOD 模型重新分类驱动图层，给驱动因子图层的每种类型的栅格分配百分比变化数值。百分比变化数值通过对比分析变化初期的土地覆盖图层和驱动因子图层得到。②在每种属性类型图层重分类之后，

GEOMOD 模型基于所有属性图层各自的权重计算可适宜图层。每个栅格的可适宜数值用如下公式计算：

$$R_{(i)} = [\sum_{a=2}^{A}\{Wa\text{X}P_{a(i)}\}] \Big/ [\sum_{a=2}^{A} Wa]$$

$R_{(i)}$为栅格（i）的适宜性数值；a 为某一类驱动因子图层；A 为驱动因子图层总数；W_a为每类驱动因子图层权重；$P_{a(i)}$为属性图层 a 中类型 ak 的发展百分比数值，栅格（i）是类型 ak 的某一栅格。

8.3 GEOMOD 模拟结果

本研究基于重庆森林规划方案及历史土地覆盖类型变化趋势，计算各种可能的适宜性图层（图 8-1）。

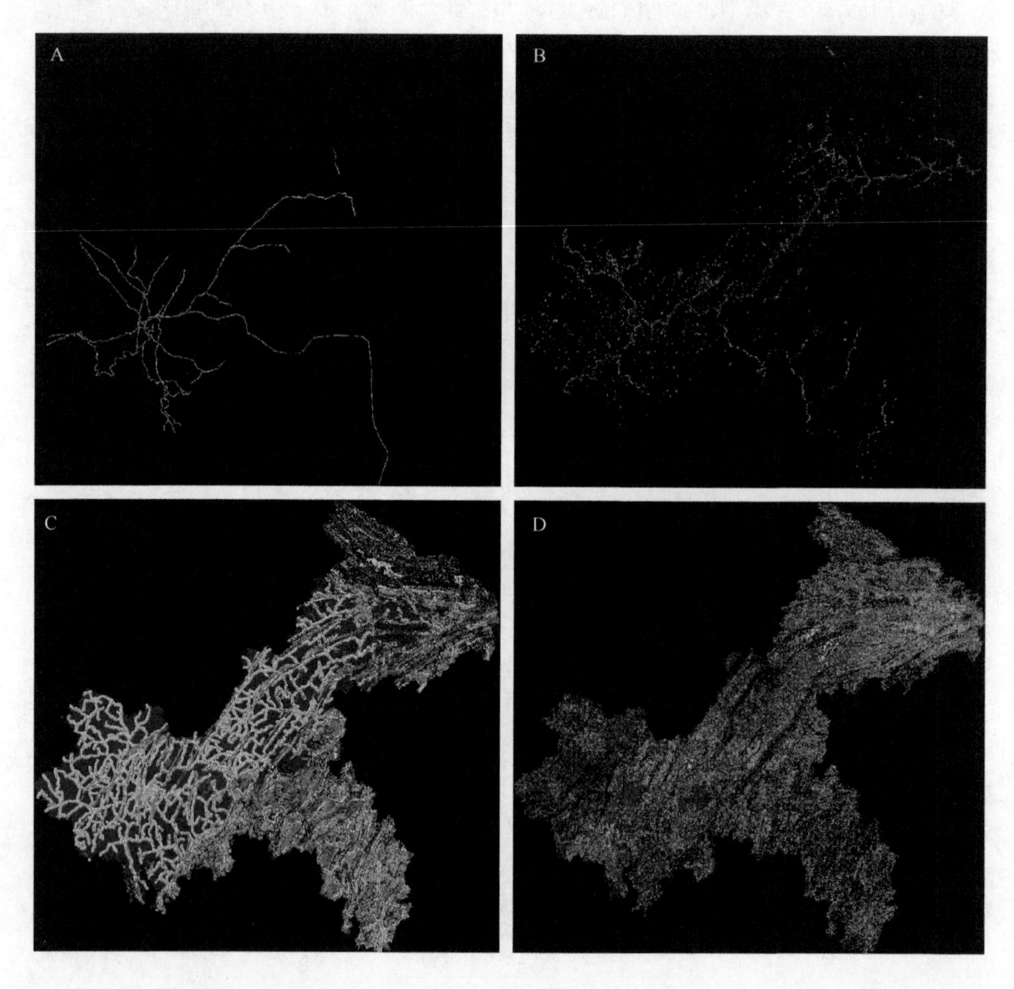

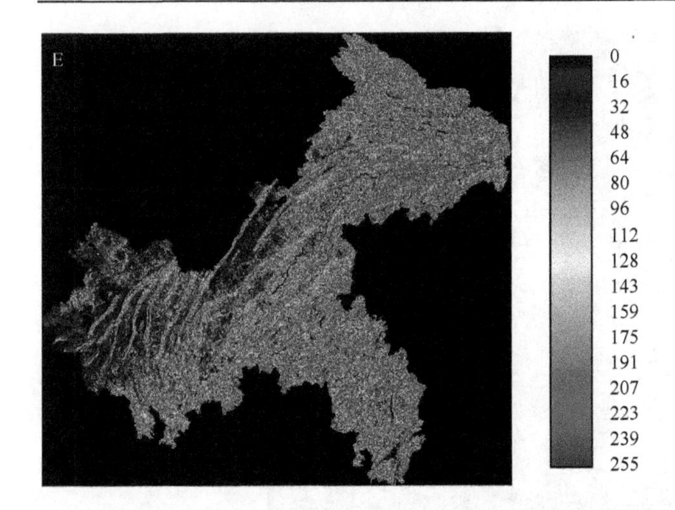

图 8-1 研究区域适宜性图层

A. 高速公路适宜性；B. 主要湖泊/河流适宜性；C. 土层深厚/有机质高/坡度小于 25°；D. 历史土地覆盖变化趋势；E. 坡度大于 25°

图 8-1A 基于通道森林工程规划方案，在主城内环高速起点到外环高速接口之间，建设 7 条特色大道（即成渝、渝遂、渝武、渝邻、渝长、渝黔、渝湘高速公路），两侧均栽植 80 m 宽绿化大树。在成渝、遂渝、襄渝、渝怀、渝黔铁路两侧各建 30～50 m 宽的林带，前两排栽植绿化大树，两排以后的地块建速丰林或经济林。图 8-1B 基于水系森林工程主要方针，通过在长江、乌江、嘉陵江、大宁河两岸第一层山脊以内、绕区县城区的河道两岸，以及重点水源水库库周建设景观林带或防护林带，对规划水库库周 100 m 范围内的宜林荒山、25°以上的坡耕地和低质低效林地，采用新造或改造的方式，因地制宜地营造生态型水源涵养林和名、特、优经济型防护林。图 18-1C 基于农村森林工程规划方案，速丰林基地主要选择立地条件较好、造林地集中连片、水源充足、交通方便的商品林经营区建设，包括坡耕地、宜林地、灌木林地、采伐迹地等。农田林网建设应以现有田埂（路）、河、渠为基础，营造保护农田免受灾害的林带，尽量在农田周围或附近形成封闭或半封闭的林带；根据网格面积要求，营造防护林带；林带应尽量在两行以上，且应与灾害风向垂直；林网树种以冠幅小的乔木为主，兼顾经济价值高的树种，乔木比例不低于 70%；整地方法及规格视树种及立地条件而定，主选穴状整地。建设用地必须选择土层深厚、土壤肥沃、灌溉条件较好，坡度＜25°且交通方便的土地。土壤质地以砂质壤土最好，pH 在 5.5～7.5 为宜。图 8-1D 和图 8-1E 是基于研究区 2000 年、2006 年和 2011 年的历史土地覆盖数据，分析历史土地覆盖类型的变化趋势和类型变化与地形因子的关系，得到历史土地覆类型转化为森林类型的适宜性图层和坡度大于 25°转化的适宜性图层（图 8-2）。

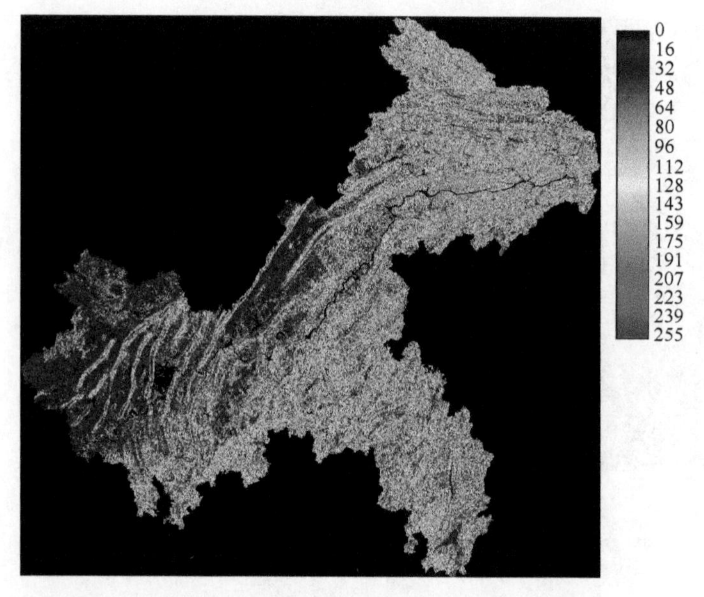

图 8-2　研究区综合适宜性图层

将上述 5 种主要的可适宜性图层，用 AHP 权重法赋予权重，得到各个因子图层的权重分别为 0.1063、0.1063、0.1944、0.0461、0.5469。基于各个因子对应的权重，将 5 种主要的可适宜性图层叠加分析，得到最终的适宜性图层（图 8-3）。

以 2011 年作为研究的初始年份，森林覆盖类型面积所占的比例为初始状态，模拟时间步长为 5 年，结合前面 GEOMOD 模型的参数设置，对森林工程顺利实施的情景下 2020 年土地覆盖变化进行预测模拟，其模拟结果见图 8-4。从模拟预测的结果可以看出，2020 年土地覆盖将维持现有格局发展，大部分坡耕地（且交通便利）逐渐转

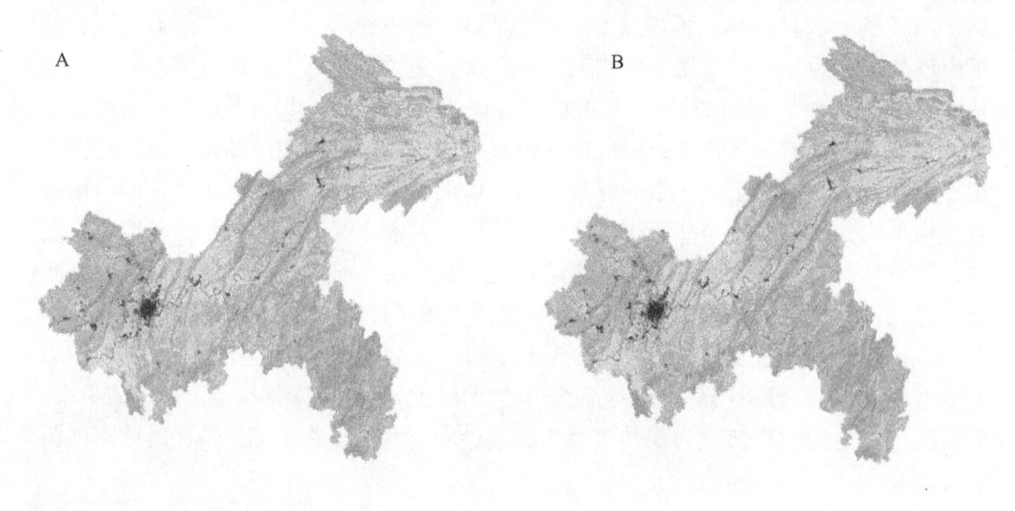

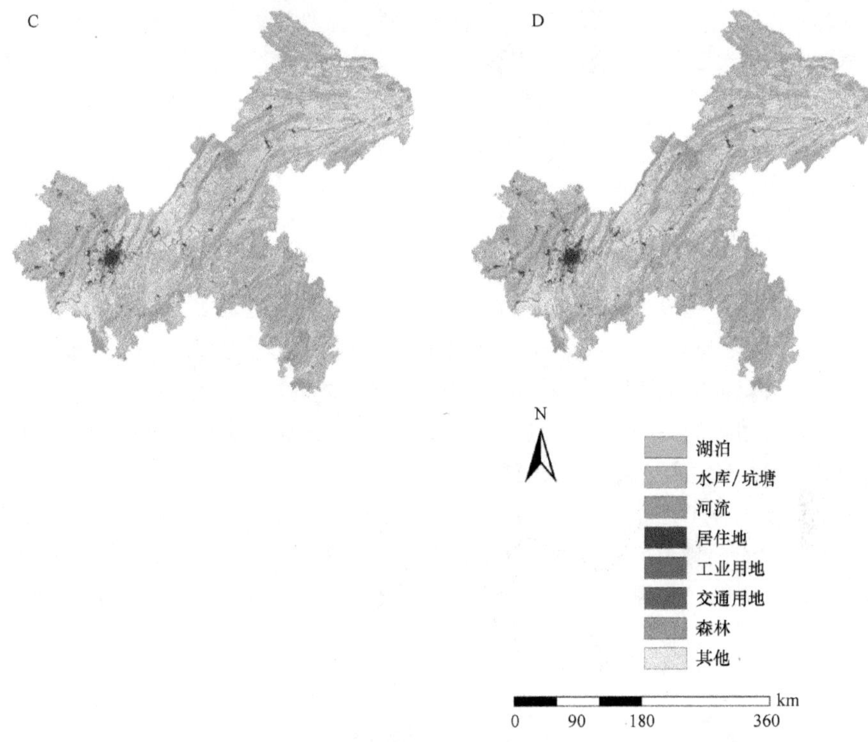

图 8-3 研究区实际土地覆盖图与预测模拟图

A. 实际 2006 年；B. 实际 2011 年；C. 预测 2015 年；D. 预测 2020 年

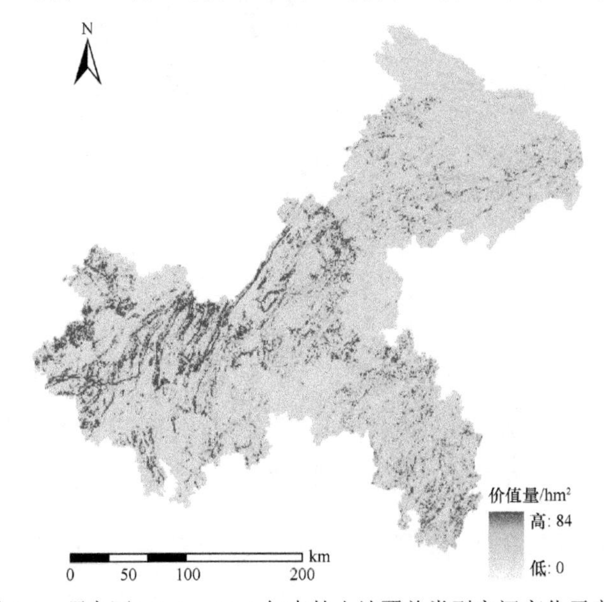

图 8-4 研究区 2006～2020 年森林土地覆盖类型空间变化示意图

化为森林类型，其次为土层深厚、土壤肥沃、灌溉条件较好的道路与湖泊两旁，历史灌木林地、无植被区。在研究区域森林工程顺利实施的情景下，坡度耕地、灌木林地、稀疏植被地、废弃工业用地逐渐转化为森林土地覆盖类型，同时天然植被也逐渐恢复，生态环境呈现逐渐好转趋势，是一种可持续发展的情景模式。

8.4　重庆市森林工程生态服务功能预测

从森林工程实施以来，重庆市 2007 年全市森林面积达到 272 万 hm^2，未成林造林地面积为 42 万 hm^2，森林蓄积量为 12 000 万 m^3，森林覆盖率达 33%。随着森林面积的扩大，其森林植被在区域的各种生态效益也越来越大。因此，估算重庆森林项目实施后的森林植被的各种生态效益，对评价森林植被未来生态效益状况和区域生态环境管理具有重要的理论依据和实践意义。

根据重庆森林工程建设规模表，得知各个县区市的森林增长面积，乘以单位面积森林生态效益，预测未来增长的森林生态效益。图 8-5 为重庆各个县区市的总体森林生态效益增长程度。其中，增长较多的为酉阳县、彭水苗族土家族自治县（彭水县）、开县、丰都县，增长较少的为渝中区、双桥区、大渡口区、九龙坡区。

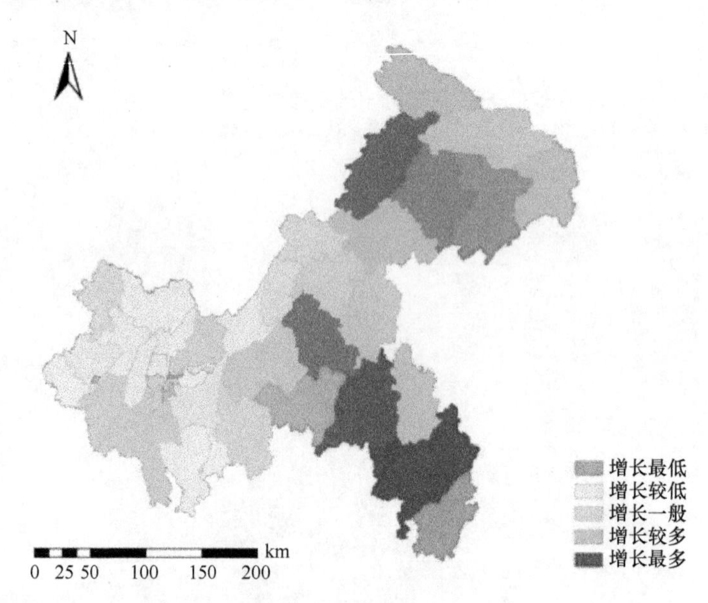

图 8-5　重庆森林生态效益增长程度

8.4.1　径流调节

预测实施森林工程后，重庆各个县区市的森林径流调节功能增长程度。

到2017年，整个重庆径流调节功能将会增长90.37亿m³/a，比2011年增加53.28%，增至259.98亿m³/a。如果按总规模统计，酉阳县增长最多，为51 757.05万m³/a，其次为彭水县、开县和丰都县等。按城市森林规模统计，渝北区增长最多，为9801.99万m³/a，其次为巴南区，北碚区和万州区等。按城市和农村森林规模统计，酉阳县增长最多，为48 923.86万m³/a，其次为彭水县、开县和丰都县等。按通道森林规模统计，巴南区增长最多，为1357.28万m³/a，其次为万州区、酉阳县和南岸区等。按水系森林规模统计，巫溪县增长最多，为1808.22万m³/a，其次为涪陵区、南川市和合川市。按苗圃规模统计，秀山县增长最多，为135.86万m³/a，其次为北碚区、涪陵区和江北区等。

到2050年，重庆市森林生态系统的径流调节量将达到292.83亿m³/a，其中，由于森林工程实施带来的径流调节量为90.93亿m³/a，占总量的31.05%。2050年森林生态系统径流调节量比2011年增加8.58亿m³/a，增幅为74.04%（表8-1）。

表8-1 重庆市2017年径流调节功能预测 （单位：万m³/a）

行政区	总规模	城市森林	农村森林	通道森林	水系森林	苗圃
万盛区	7 547.39	449.01	6 364.24	355.85	340.69	37.60
黔江区	28 380.62	1 235.36	25 831.33	651.64	598.87	63.42
万州区	28 447.97	2 957.34	23 585.13	954.72	872.21	78.57
綦江县	11 399.39	894.66	8 984.81	711.13	759.96	48.83
潼南县	19 354.83	1 242.65	16 846.52	482.69	722.35	60.62
铜梁县	10 968.90	890.74	9 359.18	396.82	284.56	37.60
大足县	15 682.45	1 216.83	13 477.22	374.36	561.83	52.21
荣昌县	12 668.43	1 228.06	10 107.91	400.74	864.92	66.80
璧山县	11 627.83	868.29	9 733.55	344.62	580.35	101.02
梁平县	19 830.23	816.09	17 595.25	632.55	722.35	63.99
城口县	28 635.44	1 160.71	26 205.70	322.17	894.66	52.20
丰都县	33 090.23	823.38	31 072.47	573.05	553.98	67.35
垫江县	17 546.42	845.83	15 349.05	643.78	662.86	44.90
武隆县	28 687.64	793.64	26 580.07	598.87	666.23	48.83
忠县	23 843.32	834.61	21 713.29	531.52	741.44	22.46
开县	34 209.40	1 291.48	31 446.84	513.00	890.74	67.34
云阳县	31 563.02	1 205.60	29 200.63	479.33	617.96	0.50
奉节县	30 668.36	1 557.53	27 328.80	730.21	981.10	70.72
巫山县	28 680.33	1 160.71	26 580.07	273.34	606.73	59.48
巫溪县	27 950.12	1 160.71	24 708.23	426.56	1591.20	63.42
石柱县	26 160.80	786.34	23 959.49	674.09	692.61	48.27
秀山县	29 897.17	823.38	27 328.80	718.99	905.89	120.11
酉阳县	45 545.38	793.64	43 052.21	838.54	789.71	71.28
彭水县	39 746.33	793.64	37 436.71	715.06	741.44	59.48
江津市	24 670.62	1 377.91	22 087.66	598.87	524.22	81.96

续表

行政区	总规模	城市森林	农村森林	通道森林	水系森林	苗圃
合川市	15 532.59	1 358.84	12 354.11	741.44	1 037.23	40.97
永川市	23 753.51	1 819.64	20 590.19	546.68	699.90	97.10
南川市	21 226.68	1 235.36	18 343.99	542.75	1 055.75	48.83
长寿区	15 644.84	973.24	13 477.22	591.58	546.68	56.12
渝北区	23 386.44	8 625.59	13 252.71	782.41	651.64	74.09
北碚区	11 871.42	5 087.91	5 615.50	610.10	445.65	112.26
涪陵区	25 621.41	2 545.92	21 338.93	434.42	1 194.38	107.76
巴南区	16 666.92	6 199.79	8 610.44	1 194.38	617.96	44.35
沙坪坝区	6 131.88	2 871.46	2 433.67	670.16	145.93	10.66
江北区	4 604.66	1 909.44	1 684.93	636.48	269.41	104.40
南岸区	6 364.24	2 238.91	2 808.04	831.24	408.04	78.01
渝中区	187.46	116.18	0.00	0.00	71.28	0.00
九龙坡区	3 436.65	1 890.36	748.73	389.52	374.36	33.68
大渡口区	3 118.42	2 133.95	187.46	501.78	295.79	19.44

8.4.2 土壤保持

预测实施森林工程后，重庆各个县区市森林土壤保持功能的增长程度。统计计算显示，重庆森林生态系统土壤保持功能将会增长 5.42 亿 t/a，达 17.07 亿 t/a，比 2011 年增加 46.5%。如果按总规模统计，酉阳县增长最多，为 3104.91 万 t/a，其次为彭水县、开县和丰都县等。按城市森林规模统计，渝北区增长最多，为 588.02 万 t/a，其次为巴南区，北碚区和万州区等。按城市农村森林规模统计，酉阳县增长最多，为 2934.95 万 t/a，其次为彭水县、开县和丰都县等。按通道森林规模统计，巴南区增长最多，为 81.42 万 t/a，其次为万州区、酉阳县和南岸区等。按水系森林规模统计，巫溪县增长最多，为 108.48 万 t/a，其次为涪陵区、南川市和合川市。按苗圃规模统计，秀山县增长最多，为 8.15 万 t/a，其次为北碚区、涪陵区和江北区等。

到 2050 年，重庆市生态系统的土壤保持量将达到 20.23 亿 t/a，其中，由于森林工程实施带来的土壤保持量为 6.25 亿 t/a，占总量的 30.89%。2050 年森林生态系统土壤保持量比 2011 年增加 8.58 t/a，增幅为 73.65%（表 8-2）。

8.4.3 气候调节

实施森林工程后，重庆各个县区市的森林气候调节功能都得到不同程度的增长，整个重庆森林气候调节功能将会增长 3.31×10^{16} kJ/a，增幅为 46.55%，增至 10.42×10^{16} kJ/a。如果按总规模统计，酉阳县增长最多，为 18 943 140.15 亿 kJ/a，其次为彭水

表 8-2 重庆市土壤保持功能预测 （单位：万 t/a）

行政区	总规模	城市森林	农村森林	通道森林	水系森林	苗圃
万盛区	493.94	29.39	416.51	23.29	22.30	2.46
黔江区	1857.37	80.85	1690.53	42.64	39.20	4.15
万州区	1861.78	193.55	1543.53	62.49	57.08	5.15
綦江县	746.04	58.55	588.01	46.54	49.74	3.20
潼南县	1266.68	81.32	1102.52	31.59	47.27	3.93
铜梁县	717.86	58.29	612.51	25.97	18.62	2.46
大足县	1026.34	79.63	882.02	24.50	36.77	3.42
荣昌县	829.08	80.37	661.52	26.23	56.60	4.41
璧山县	760.98	56.82	637.01	22.55	37.98	6.61
梁平县	1297.79	53.40	1151.52	41.40	47.27	4.15
城口县	1874.04	75.96	1715.03	21.08	58.55	3.42
丰都县	2165.59	53.88	2033.54	37.51	36.26	4.41
垫江县	1148.32	55.35	1004.52	42.13	43.38	2.94
武隆县	1877.46	51.94	1739.53	39.20	43.60	3.20
忠县	1560.42	54.62	1421.03	34.78	48.53	1.47
开县	2238.84	84.52	2058.04	33.57	58.29	4.41
云阳县	2065.64	78.90	1911.03	31.37	40.44	3.93
奉节县	2007.09	101.93	1788.54	47.79	64.20	4.67
巫山县	1876.98	75.96	1739.53	17.88	39.71	3.93
巫溪县	1829.19	75.96	1617.03	27.92	104.14	4.15
石柱县	1712.09	51.47	1568.03	44.11	45.33	3.20
秀山县	1956.62	53.88	1788.54	47.05	59.29	7.82
酉阳县	2980.71	51.94	2817.55	54.87	51.69	4.67
彭水县	2601.20	51.94	2450.04	46.80	48.53	3.93
江津市	1614.57	90.18	1445.53	39.20	34.31	5.40
合川市	1016.53	88.92	808.51	48.53	67.88	2.68
永川市	1554.55	119.09	1347.52	35.78	45.80	6.36
南川市	1389.18	80.85	1200.52	35.52	69.09	3.20
长寿区	1023.88	63.70	882.02	38.72	35.78	3.68
渝北区	1530.53	564.50	867.32	51.21	42.64	4.89
北碚区	776.93	332.98	367.51	39.93	29.16	7.34
涪陵区	1676.79	166.62	1396.52	28.44	78.16	7.08
巴南区	1090.76	405.74	563.51	78.16	40.44	2.94
沙坪坝区	401.30	187.92	159.27	43.86	9.55	0.74
江北区	301.35	124.96	110.28	41.65	17.64	6.87
南岸区	416.51	146.52	183.77	54.40	26.71	5.15
渝中区	12.27	7.60	0.00	0.00	4.67	0.00
九龙坡区	224.91	123.72	49.00	25.49	24.50	2.21
大渡口区	204.09	139.66	12.27	32.84	19.35	0.00

县、开县和丰都县等。按城市森林规模统计，渝北区增长最多，为 3 587 540.86 亿 kJ/a，其次为巴南区，北碚区和万州区等。按城市和农村森林规模统计，酉阳县增长最多，为 17 906 189.57 亿 kJ/a，其次为彭水县、开县和丰都县等。按通道森林规模统计，巴南区增长最多，为 496 765.16 亿 kJ/a，其次为万州区、酉阳县和南岸区等。按水系森林规模统计，巫溪县增长最多，为 661 808.84 亿 kJ/a，其次为涪陵区、南川市和合川市。按苗圃规模统计，秀山县增长最多，为 49 723.20 亿 kJ/a，其次为北碚区、涪陵区和江北区等。

到 2050 年，重庆市森林生态系统的气候调节功能将达到 14.88×10^{16} kJ/a，其中，由于森林工程实施带来的气候调节功能为 9.92×10^{16} kJ/a，占总量的 66.67%。2050 年森林生态系统气候调节功能比 2011 年增加 7.77×10^{16} kJ/a，增幅为 109.28%（表 8-3）。

表 8-3　重庆市气候调节功能预测　（单位：亿 kJ/a）

行政区	总规模	城市森林	农村森林	通道森林	水系森林	苗圃
万盛区	3 139 098.25	186 753.82	2 647 001.94	148 002.40	141 699.46	15 640.63
黔江区	11 804 008.55	513 806.44	10 743 713.74	271 026.48	249 082.91	26 378.98
万州区	11 832 021.62	1 230 007.34	9 809 477.76	397 085.31	362 769.29	32 681.92
綦江县	4 741 212.57	372 106.98	3 736 943.91	295 771.36	316 080.84	20 309.48
潼南县	8 050 023.35	516 841.19	7 006 769.83	200 760.35	300 440.21	24 978.32
铜梁县	4 562 162.35	370 472.89	3 892 649.91	165 043.69	118 355.23	15 640.63
大足县	6 522 610.56	506 102.85	5 605 415.87	155 706.00	233 675.72	21 710.13
荣昌县	5 269 025.55	510 771.69	4 204 061.90	166 677.78	359 734.54	28 013.07
璧山县	4 836 223.58	361 135.20	4 048 355.90	143 333.56	241 379.31	42 019.61
梁平县	8 247 748.96	339 425.07	7 318 181.82	263 089.44	300 440.21	26 378.98
城口县	11 909 991.34	482 758.62	10 899 419.74	133 995.86	372 106.98	21 710.13
丰都县	13 762 822.66	342 459.81	12 923 597.69	238 344.56	230 407.52	28 013.07
垫江县	7 297 872.35	351 797.51	6 383 945.85	267 758.29	275 695.32	18 675.38
武隆县	11 931 701.47	330 087.37	11 055 125.73	249 082.91	277 095.98	20 309.48
忠县	9 916 861.21	347 128.66	9 030 947.78	221 069.83	308 377.24	9 337.69
开县	14 228 306.55	537 150.67	13 079 303.68	213 366.24	370 472.89	28 013.07
云阳县	13 127 626.24	501 434.00	12 145 067.71	199 359.70	257 019.94	24 978.32
奉节县	12 755 519.25	647 802.31	11 366 537.73	303 708.40	408 057.09	29 647.17
巫山县	11 928 666.72	482 758.62	11 055 125.73	113 686.39	252 351.10	24 978.32
巫溪县	11 624 958.32	482 758.62	10 276 595.75	177 416.13	661 808.84	26 378.98
石柱县	10 880 744.36	327 052.62	9 965 183.76	280 364.17	288 067.77	20 309.48
秀山县	12 434 769.57	342 459.81	11 366 537.73	299 039.55	376 775.83	49 723.20
酉阳县	18 943 140.15	330 087.37	17 906 189.57	348 762.76	328 453.28	29 647.17
彭水县	16 531 214.58	330 087.37	15 570 599.62	297 405.46	308 377.24	24 978.32
江津市	10 260 955.12	573 100.78	9 186 653.78	249 082.91	218 035.08	34 316.01
合川市	6 460 281.47	565 163.74	5 138 297.88	308 377.24	431 401.32	17 041.29
永川市	9 879 510.45	756 819.85	8 563 829.79	227 372.77	291 102.51	40 385.51

续表

行政区	总规模	城市森林	农村森林	通道森林	水系森林	苗圃
南川市	8 828 553.33	513 806.44	7 629 593.82	225 738.68	439 104.92	20 309.48
长寿区	6 506 969.92	404 788.90	5 605 415.87	246 048.16	227 372.77	23 344.23
渝北区	9 726 839.20	3 587 540.86	5 512 038.96	325 418.53	271 026.48	31 047.82
北碚区	4 937 537.52	2 116 154.21	2 335 589.94	253 751.75	185 353.16	46 688.45
涪陵区	10 656 406.33	1 058 894.15	8 875 241.79	180 684.32	496 765.16	45 054.36
巴南区	6 932 068.30	2 578 603.35	3 581 237.91	496 765.16	257 019.94	18 675.38
沙坪坝区	2 550 356.84	1 194 290.67	1 012 205.70	278 730.07	60 694.99	4 668.85
江北区	1 915 160.41	794 170.61	700 793.70	264 723.54	112 052.29	43 653.71
南岸区	2 647 001.94	931 201.23	1 167 911.69	345 728.01	169 712.53	32 681.92
渝中区	77 969.72	48 322.55	0.00	0.00	29 647.17	0.00
九龙坡区	1 429 367.04	786 233.58	311 411.99	162 008.94	155 706.00	14 006.54
大渡口区	1 297 005.27	887 547.52	77 969.72	208 697.39	123 024.08	0.00

8.4.4 森林碳储量

实施森林工程后，重庆各个县区市的森林碳储量功能得到不同程度的增长。统计计算，整个重庆森林碳储量将会增长 1559.13 万 t，比 2011 年增加 24.79%，增至 7849.33 万 t。如果按总规模统计，酉阳县增长最多，为 178.57 万 t，其次为彭水县、开县和丰都县等。按城市森林规模统计，渝北区增长最多，为 33.82 万 t，其次为巴南区，北碚区和万州区等。按城市和农村森林规模统计，酉阳县增长最多，为 168.79 万 t，其次为彭水县、开县和丰都县等。按通道森林规模统计，巴南区增长最多，为 4.68 万 t，其次为万州区、酉阳县和南岸区等。按水系森林规模统计，巫溪县增长最多，为 6.24 万 t，其次为涪陵区、南川市和合川市。按苗圃规模统计，秀山县增长最多，为 0.47 万 t，其次为北碚区、涪陵区和江北区等。

到 2050 年，重庆市森林生态系统的森林碳储量将达到 14 112.27 万 t，其中，由于实施森林工程带来的气候调节功能为 4676.97 万 t，占总量的 33.14%。2050 年森林生态系统气候调节功能比 2011 年增加 7822.07 万 t，增幅为 124.35%（表 8-4）。

表 8-4 重庆市碳汇储量功能预测 （单位：万 t）

行政区	总规模	城市森林	农村森林	通道森林	水系森林	苗圃
万盛区	14.80	0.88	12.48	0.70	0.67	0.08
黔江区	55.64	2.42	50.64	1.28	1.18	0.13
万州区	55.77	5.80	46.24	1.87	1.71	0.16
綦江县	22.35	1.76	17.62	1.40	1.49	0.10
潼南县	37.94	2.44	33.03	0.95	1.42	0.12
铜梁县	21.51	1.75	18.35	0.78	0.56	0.08

续表

行政区	总规模	城市森林	农村森林	通道森林	水系森林	苗圃
大足县	30.75	2.39	26.42	0.74	1.10	0.10
荣昌县	24.84	2.41	19.82	0.79	1.70	0.13
璧山县	22.80	1.70	19.08	0.68	1.14	0.20
梁平县	38.88	1.60	34.49	1.24	1.42	0.13
城口县	56.14	2.28	51.37	0.63	1.76	0.10
丰都县	64.87	1.62	60.91	1.13	1.09	0.13
垫江县	34.40	1.66	30.09	1.26	1.30	0.09
武隆县	56.24	1.56	52.11	1.18	1.31	0.10
忠县	46.74	1.64	42.57	1.04	1.46	0.05
开县	67.06	2.53	61.65	1.01	1.75	0.13
云阳县	61.88	2.37	57.25	0.94	1.21	0.12
奉节县	60.12	3.06	53.58	1.43	1.93	0.14
巫山县	56.23	2.28	52.11	0.54	1.19	0.12
巫溪县	54.79	2.28	48.44	0.84	3.12	0.13
石柱县	51.29	1.54	46.97	1.32	1.36	0.10
秀山县	58.61	1.62	53.58	1.41	1.78	0.24
酉阳县	89.29	1.56	84.40	1.65	1.55	0.14
彭水县	77.92	1.56	73.39	1.40	1.46	0.12
江津市	48.37	2.70	43.30	1.18	1.03	0.16
合川市	30.45	2.67	24.22	1.46	2.04	0.08
永川市	46.57	3.57	40.37	1.07	1.37	0.19
南川市	41.61	2.42	35.96	1.07	2.07	0.10
长寿区	30.67	1.91	26.42	1.16	1.07	0.11
渝北区	45.85	16.91	25.98	1.54	1.28	0.15
北碚区	23.27	9.98	11.01	1.20	0.88	0.22
涪陵区	50.23	4.99	41.83	0.85	2.34	0.21
巴南区	32.68	12.16	16.88	2.34	1.21	0.09
沙坪坝区	12.02	5.63	4.77	1.32	0.29	0.02
江北区	9.03	3.75	3.31	1.25	0.53	0.21
南岸区	12.48	4.39	5.51	1.63	0.80	0.16
渝中区	0.37	0.23	0.00	0.00	0.14	0.00
九龙坡区	6.74	3.71	1.47	0.77	0.74	0.07
大渡口区	6.12	4.19	0.37	0.99	0.58	0.00

9　结论与建议

9.1　研 究 结 论

1）森林生态系统的间接服务功能更为重要

本研究根据 MA 框架，建立了重庆市森林生态系统服务功能评价指标体系，对各个指标的价值进行了计算，得出重庆市森林生态系统服务功能总价值，并分析了总体服务功能的组成特点。从提供的各种服务功能的价值来看，重庆市森林生态系统以气候调节、水源涵养、生物多样性和土壤保持的价值为主，分别占总价值的 49%、19%、10%和 9%，说明它们提供主要的服务功能。森林生态系统不仅提供各种林产品和林副产品，而且在气候调节、水源涵养等间接服务方面具有更重要的经济价值，因此，在资源开发和管理过程中要注意合理地利用森林资源。

2006～2011 年重庆市森林面积净增加了 2305.9 km^2，占重庆市总面积的 2.79%，但森林生态系统所提供的产品和服务的价值增量相当于 GDP 的 3.13%，这充分表明了森林生态系统对于人类财富的重要贡献及人类社会对于森林生态系统的重要依赖性，这为政策管理者和决策者提供了森林保护的经济依据，对于森林保护和有效管理起到了重要的作用。

2）森林生态系统服务功能供给、调节与支撑能力不断增强

2006～2011 年，重庆市森林覆盖率由 36.12%增加到 38.91%，提高 2.79 个百分点，净增森林面积 2305.9 km^2。其中重庆市主城区内，森林覆盖率由 21.14%提高到 26.62%，净增面积 108.91 hm^2。在农村、通道、水系森林工程实施范围内，森林净增面积分别为 2177.76 km^2、59.66 km^2 与 73.38 km^2，森林覆盖率分别增加了 2.91%，2.06%与 2.29%。同时，森林生态系统服务功能供给、调节与支撑能力不断增强。与 2006 年相比，重庆市 2011 年森林生态系统服务功能总价值由 5268 亿元提高至 5832.42 亿元。其中，提供产品价值由 28.07 亿元增加至 49.74 亿元，提高了 77.2%。调节径流量由 159.92 亿 m^3 增加至 169.61 亿 m^3，土壤肥力保持价格由 63.70 亿元增至 64.33 亿元，气候调节价值由 3653.77 亿元增加至 3875.21 亿元，旅游收入的价值由 2.53 亿元提升至 68.34 亿元。

3）生态系统管理应考虑未来服务功能的变化

如何有效地进行生态系统的管理是生态系统服务功能的研究重点之一，目前很多

研究仅考虑现有服务功能的价值，而关于这些服务功能在未来将如何变化的研究相对较少。本研究采用 InVEST 模型，预测了 4 种生态服务功能在不同时段的变化，估算了不同时段各项服务产生的价值。模拟结果表明：到 2050 年由森林工程实施带来的调节径流量为 90.93 亿 m^3/a，占总量的 31.05%。2050 年调节径流量比 2011 年增加 8.58 亿 m^3/a，增幅为 74.04%。土壤保持量将达 20.23 亿 t/a，实施森林工程带来的土壤保持量为 6.25 亿 t/a，占总量的 30.89%。2050 年森林生态系统土壤保持量比 2011 年增加 8.58 t/a，增幅为 73.65%。森林生态系统的气候调节功能将达 14.88×10^{16} kJ/a，其中，实施森林工程带来的气候调节功能为 9.92×10^{16} kJ/a，占总量的 66.67%。森林碳储量将达 14 112.27 万 t，其中，实施森林工程带来的气候调节功能为 4676.97 万 t，占总量的 33.14%。2050 年森林生态系统的气候调节功能比 2011 年增加 7822.07 万 t，增幅为 124.35%，因此，在未来的生态系统管理中，应更加注重间接服务功能的价值，并将这些价值应用于自然资源管理决策中。

4）InVEST 模型具有良好的可操作性

与目前国内外服务功能评价的方法相比，InVEST 模型具有其自身的优势。首先，作为模型本身而言，InVEST 模型输入参数较少，参数易获取、易提取，模型界面友好、操作简单，数据输入、存储和提取均非常容易，使得该模型能够被更广泛地使用。其次，模型有效地解决了服务功能空间分布的问题，结果可以直接用于分析服务功能空间分布特征及空间异质性特征。

当然，该模型也存在一定的局限性。首先，该模型具有明显的区域尺度特征。其次，单个指标的计算具有一定的局限性，如生物多样性评价，模型中是以生境质量作为生物多样性的代理，并且假设生境质量高的地方可以维持较高的生物多样性，一旦类似生境遭到破坏，生物多样性的损失也是最严重的，然而现实情况中，生境质量好的地方不一定拥有很高的生物多样性。尽管如此，随着对服务功能领域机制研究的深入，该模型的局限性也会被逐渐克服。从现有的模型运算及其情景分析结果来看，已经取得了较好的成果。

9.2　森林工程实施中管理层面的建议

9.2.1　重庆市森林工程应根据生态区划定位提高生态服务功能

在全国重点生态功能区划和本评估工作中，在对重庆市的生态特点、生态现状、区域生态敏感性和重要性评价的基础上重点做好以下两方面工作。

（1）扩大三峡库区水源涵养保护区的面积，在全国重点生态功能区中，认为三峡库区的水源涵养作用只是对局部地区有效，而评估发现三峡库区的水源涵养对三峡库区长江中下游地区的经济发展有重要作用，因此，应加大三峡库区水源涵养保护区的森林覆盖度，并进行更高层次的定位，进行有效管理和严格控制。

（2）扩大渝东南地区的土壤保持面积，重庆市2006年土壤保持量较高区域集中在植被覆盖度高的渝东南地区，其中森林、灌丛和农田生态系统的年均土壤保持量较大，经过近5年的时间，与2006年相比，森林生态系统的土壤保持能力与保持总量都有所提高。

9.2.2 城市森林建设以增强生态功能为导向

城市森林由于处于高度城市化区域，面临严峻的人为干扰和人为选择，需要外部能量的投入来维持，因此城区森林的建设管理不仅需要将规划付诸现实，还需制定完善的维护政策和适宜的维护技术以持续地发挥城区森林的作用。

根据城区森林的生态环境特点，有别于野外森林的相对独立的生态系统，应制订有针对性的生物多样性保护计划。加强城区森林建设和管理，建立科学的城区森林评估体系，完善重要城区森林间的生物廊道建设。重视对城区森林的分区规划，明确不同分区在生物多样性保护中的作用，加强对重点地区的动植物保护。

9.2.3 森林工程应做到保护为主、自然恢复优先

为了更好地遵循自然生态系统的恢复规律，发挥植被自然恢复重建的功能，自然恢复也应该成为重庆森林建设的重要手段之一。天然植被经过多个世代的环境驯化，适应当地的立地条件，其苗木又经过多次种间种内的竞争，与环境和谐统一，因此，天然植被群落具有结构稳定、防护效能好的特性，重庆森林工程也应该具有这种特性。

植被自然恢复的实质是新物种不断侵入并在群落内定居，系统稳定性逐渐增加的过程，植被恢复过程中物种多样性的变化反映了植被的恢复程度。对于群落个体数目分配的均匀程度，个体数越均匀，物种之间的相互关系就越复杂，群落对于环境的变化及来自群落内部种群的波动就能得到较大的缓冲，稳定性就越强。例如，黔西北地区只要采取封山育林措施，尽力减少人为干扰，群落物种多样性就会增加，植被可以由人工林群落发展为乔木林群落，并最终形成稳定的森林。

9.2.4 森林工程应因地制宜、适地适树

适地适树就是使造林树种的生态学特性和造林立地条件相适应。以保证造林成活和正常生长发育，充分发挥生态效益和生产潜力。造林树种的林学特征与造林地环境

条件相适应是一条基本规律。造林过程中出现的小老头树、生长停滞林、成活不成材、成材不成林现象，就是因为没有贯彻适地适树原则。适地适树可通过两种途径实现：一是选树适地。根据已经确定的造林立地条件选择适宜的造林树种。首先应该选择乡土树种，其次是引进外来树种。二是选地适树。在已经确定造林树种的前提下，根据树种的生物学特性和生态学特性，选择适宜该树种生长的造林地。

参考文献

[1] Pittock J, Cork S, Maynard S. The state of the application of ecosystems services in Australia. Ecosystem Services, 2012, (1): 111-120.

[2] Bagstad K J, Johnson G W, Voigt B, et al. Spatial dynamics of ecosystem service flows: a comprehensive approach to quantifying actual services. Ecosystem Services, 2013, (1): 117-125.

[3] Bai Y, Zhuang C, Ouyang Z, et al. Spatial characteristics between biodiversity and ecosystem services in a human-dominated watershed. Ecological Complexity, 2011, (2): 177-183.

[4] Zhao J J, Ouyang Z, Xu W H, et al. Sampling adequacy estimation for plant species composition by accumulation curves—A case study of urban vegetation in Beijing, China. Landscape and Urban Planning, 2011, (3): 113-121.

[5] Song Z, Ouyang Z, Xu W. The role of fairness norms the household-based natural forest conservation: the case of Wolong, China. Ecological Economics, 2012, (3): 164-171.

[6] Viña A, Tuanmu M N, Xu W H, et al. Range-wide analysis of wildlife habitat: implications for conservation. Biological Conservation, 2011, (9): 1960-1969.

[7] Marc A L, An L, Bearer S, et al. Modeling the spatio-temporal dynamics and interactions of households, landscapes, and giant panda habitat. Ecological Modelling, 2006, (1): 47-65.

[8] 单奇华, 张建锋, 沈立铭, 等. 林业生态工程措施对滨海盐碱地草本植物的影响. 生态学杂志, 2012, (6): 1411-1418.

[9] Corbera E, Soberanis C G, Brown K. Institutional dimensions of Payments for Ecosystem Services: an analysis of Mexico's carbon forestry programme. Ecological Economics, 2009, (3): 743-761.

[10] Chen N, Li H, Wang L. A GIS-based approach for mapping direct use value of ecosystem services at a county scale: management implications. Ecological Economics, 2009, (11): 2768-2776.

[11] Viña A, Bearer S, Zhang H, et al. Evaluating MODIS data for mapping wildlife habitat distribution. Remote Sensing of Environment, 2008, (5): 2160-2169.

[12] Liu J, Ouyang Z, Miao H. Environmental attitudes of stakeholders and their perceptions regarding protected area-community conflicts: a case study in China. Journal of Environmental Management, 2011, (11): 2254-2262.

[13] Sandhu H S, Crossman N D, Smith F P. Ecosystem services and Australian agricultural enterprises. Ecological Economics, 2012, 74(7): 19-26.

[14] Swinton S M, Frank L P, Robertson G P. Ecosystem services and agriculture: cultivating agricultural ecosystems for diverse benefits. Ecological Economics, 2007, (2): 245-252.

[15] Christie M, Rayment M. An economic assessment of the ecosystem service benefits derived from the SSSI biodiversity conservation policy in England and Wales. Ecosystem Services, 2012, (1): 70-84.

[16] Anna T B, Fredholm S S, Eliasson I, et al. Cultural ecosystem services provided by landscapes: assessment of heritage values and identity. Ecosystem Services, 2012, 2: 14-26.

[17] Muradian R, Rival L. Between markets and hierarchies: the challenge of governing ecosystem services. Ecosystem Services, 2012, (1): 93-100.

[18] 李文华, 张彪, 谢高地. 中国生态系统服务研究的回顾与展望. 自然资源学报, 2009, (1): 1-10.

[19] 邢著荣, 冯幼贵, 杨贵军, 等. 基于遥感的植被覆盖度估算方法述评. 遥感技术与应用, 2009, 24(6): 849-854.

[20] 欧阳志云, 王效科, 苗鸿. 中国陆地生态系统服务功能及其生态经济价值的初步研究. 生态学报, 1999, (5): 19-25.

[21] 王兵, 魏江生, 胡文. 中国灌木林-经济林-竹林的生态系统服务功能评估. 生态学报, 2011, (7) : 1936-1945.

[22] 程琳, 李锋, 邓华锋. 中国超大城市土地利用状况及其生态系统服务动态演变. 生态学报, 2011, (20): 6194-6203.

[23] 黄从德, 张国庆. 人工林碳储量影响因素. 世界林业研究, 2009, (2): 34-38.

[24] 李晟, 郭宗香, 杨怀宇, 等. 养殖池塘生态系统文化服务价值的评估. 应用生态学报, 2009, (12): 3075-3083.

[25] 宋春桥, 柯灵红, 游松财, 等. 基于TIMESAT的3种时序NDVI拟合方法比较研究——以藏北草地为例. 遥感技术与应用, 2011, 26(2): 147-155.

[26] 石龙宇, 崔胜辉, 尹锴, 等. 厦门市土地利用/覆被变化对生态系统服务的影响. 地理学报, 2011, (6): 708-714.

[27] 黄湘, 陈亚宁, 马建新. 西北干旱区典型流域生态系统服务价值变化. 自然资源学报, 2011, (8): 1364-1376.

[28] 段晓男, 王效科, 欧阳志云. 乌梁素海湿地生态系统服务功能及价值评估. 资源科学, 2006, (2): 110-115.

[29] 蔡邦成, 陆根法, 宋莉娟, 等. 土地利用变化对昆山生态系统服务价值的影响. 生态学报, 2006, (9): 3005-3010.

[30] 韩慧丽, 靖元孝, 杨丹菁, 等. 水库生态系统调节小气候及净化空气细菌的服务功能——以深圳梅林水库和西丽水库为例. 生态学报, 2008, (8): 3553-3562.

[31] 刘晓辉, 吕宪国, 姜明, 等. 湿地生态系统服务功能的价值评估. 生态学报, 2008, (11): 5625-5631.

[32] 傅娇艳, 丁振华. 湿地生态系统服务、功能和价值评价研究进展. 应用生态学报, 2007, (3): 681-686.

[33] 董家华, 包存宽, 舒廷飞. 生态系统生态服务的供应与消耗平衡关系分析. 生态学报, 2006, (6): 2001-2011.

[34] 李惠梅, 张安录. 生态系统服务研究的问题与展望. 生态环境学报, 2011, (10): 1562-1568.

[35] 虞依娜, 彭少麟. 生态系统服务价值评估的研究进展. 生态环境学报, 2011, (9): 2246-2252.

[36] 欧阳志云, 王如松, 赵景柱. 生态系统服务功能及其生态经济价值评价. 应用生态学报, 1999, (5): 635-640.

[37] Leprieur C, Verstraete M M, Pinty B. Evaluation of the performance of various vegetation indices to retrieve vegetation cover from AVHRR data. Remote Sensing Reviews, 1994, 10(4): 265-284.

[38] 李晋昌, 王文丽, 胡光印, 等. 若尔盖高原土地利用变化对生态系统服务价值的影响. 生

态学报, 2011, (12): 3451-3459.
[39] 施晓清, 赵景柱, 吴钢, 等. 生态系统的净化服务及其价值研究. 应用生态学报, 2001, (6): 908-912.
[40] 肖寒, 欧阳志云, 赵景柱, 等. 森林生态系统服务功能及其生态经济价值评估初探——以海南岛尖峰岭热带森林为例. 应用生态学报, 2000, (4): 481-484.
[41] 欧阳志云, 郑华. 生态系统服务的生态学机制研究进展. 生态学报, 2009, (11): 6183-6188.
[42] 郑华, 欧阳志云, 赵同谦, 等. 人类活动对生态系统服务功能的影响. 自然资源学报, 2003, (1): 118-126.
[43] 王佳丽, 黄贤金, 陆汝成, 等. 区域生态系统服务对土地利用变化的脆弱性评估——以江苏省环太湖地区碳储量为例. 自然资源学报, 2011, (4): 556-563.
[44] 张绪良, 徐宗军, 张朝晖, 等. 青岛市城市绿地生态系统的环境净化服务价值. 生态学报, 2011, (9): 2576-2584.
[45] 粟晓玲, 康绍忠, 佟玲. 内陆河流域生态系统服务价值的动态估算方法与应用——以甘肃河西走廊石羊河流域为例. 生态学报, 2006, (6): 2011-2019.
[46] 岳东霞, 杜军, 巩杰, 等. 民勤绿洲农田生态系统服务价值变化及其影响因子的回归分析. 生态学报, 2011, (9): 2567-2575.
[47] 王玉涛, 郭卫华, 刘建, 等. 昆嵛山自然保护区生态系统服务功能价值评估. 生态学报, 2009, (1): 523-531.
[48] 张凤太, 苏维词, 赵卫权. 基于土地利用/覆被变化的重庆城市生态系统服务价值研究. 生态与农村环境学报, 2008, (3): 21-25.
[49] 李文杰, 张时煌, 王辉民. 基于 GIS 和遥感技术的生态系统服务价值评估研究进展. 应用生态学报, 2011, (12): 3358-3364.
[50] 白杨, 欧阳志云, 郑华, 等. 海河流域森林生态系统服务功能评估. 生态学报, 2011, (7): 2029-2039.
[51] 王静, 尉元明, 孙旭映. 过牧对草地生态系统服务价值的影响——以甘肃省玛曲县为例. 自然资源学报, 2006, (1): 109-117.
[52] 张明阳, 王克林, 刘会玉, 等. 桂西北典型喀斯特区生态系统服务价值对景观格局变化的响应. 应用生态学报, 2011, (5): 1174-1179.
[53] 李锋, 王如松. 城市绿地系统的生态服务功能评价、规划与预测研究——以扬州市为例. 生态学报, 2003, (9): 1929-1936.
[54] 张修峰, 刘正文, 谢贻发, 等. 城市湖泊退化过程中水生态系统服务功能价值演变评估——以肇庆仙女湖为例. 生态学报, 2007, (6): 2349-2354.
[55] 杨凯, 赵军. 城市河流生态系统服务的 CVM 估值及其偏差分析. 生态学报, 2006, (6): 1391-1396.
[56] 赵同谦, 欧阳志云, 郑华, 等. 草地生态系统服务功能分析及其评价指标体系. 生态学杂志, 2004, (6): 155-160.
[57] Martínez M L, Octavio P M, Gabriela V, et al. Effects of land use change on biodiversity and ecosystem services in tropical montane cloud forests of Mexico. Forest Ecology and Management, 2009, (9): 1856-1863.
[58] Guariguata M R, Balvanera P. Tropical forest service flows: improving our understanding of

the biophysical dimension of ecosystem services. Forest Ecology and Management, 2009, (9): 1825-1829.

[59] Crumpacker D W. Prospects for sustainability of biodiversity based on conservation biology and US Forest Service approaches to ecosystem management. Landscape and Urban Planning, 1998, (1): 47-71.

[60] 冀桂英, 石静杰. 生态工程建设对环境影响的分析及其环保技术措施. 内蒙古林业调查设计, 2000, (2): 3-5.

[61] Ana P G, Marina G L, Irene I A, et al. Mapping forest ecosystem services: from providing units to beneficiaries. Ecosystem Services, 2013, (1): 126-138.

[62] Ninan K N, Makoto I. Valuing forest ecosystem services: case study of a forest reserve in Japan. Ecosystem Services, 2013, 5: 78-87.

[63] Zhang T, Yan H M, Zhan J Y. Economic valuation of forest ecosystem services in Heshui watershed using contingent valuation method. Procedia Environmental Sciences, 2012, (2): 2445-2450.

[64] Ooba M, Tsuyoshi F, Mizuochi M, et al. Biogeochemical forest model for evaluation of ecosystem services and its application in the Ise Bay basin. Procedia Environmental Sciences, 2012, (1): 274-287.

[65] Aherne J, Posch M. Impacts of nitrogen and sulphur deposition on forest ecosystem services in Canada. Current Opinion in Environmental Sustainability, 2013, (1): 108-115.

[66] Ojea E, Julia M O, Aline C H B. Defining and classifying ecosystem services for economic valuation: the case of forest water services. Environmental Science & Policy, 2012, (2): 1-15.

[67] 赖元长, 李贤伟, 冯帅, 等. 退耕还林工程对四川盆周低山丘陵区生态系统服务价值的影响——以洪雅县为例. 自然资源学报, 2011, (5): 755-768.

[68] 刘姣娜, 马礼. 康保县生态工程实施对农村影响的实证调查与分析. 首都师范大学学报(自然科学版), 2012, (5): 56-61.

[69] Wang S H, Fu B J. Trade-offs between forest ecosystem services. Forest Policy and Economics, 2013, (4): 145-149.

[70] Deal R L, Cochran B, Gina L R. Bundling of ecosystem services to increase forestland value and enhance sustainable forest management. Forest Policy and Economics, 2012, (4): 69-76.

[71] 宁军, 邹慧静. 南水北调中线工程对河南省生态环境和经济发展的影响. 资源环境与工程, 2011, (4): 427-430.

[72] 宋永英, 潘建东. 公路及其路网对生态环境的影响与对策. 中国城市林业, 2007, (1): 46-48.

[73] Thomas K, Joachim S, Manuela G, et al. Assessment of the management of organizations supplying ecosystem services from tropical forests. Global Environmental Change, 2008, (4): 746-757.

[74] 陶卫春, 王克林, 陈洪松, 等. 退田还湖工程对洞庭湖生态承载力的影响评价. 中国生态农业学报, 2007, (3): 155-160.

[75] Thomas K, Sell J, Navarro G. Why and how much are firms willing to invest in ecosystem services from tropical forests? A comparison of international and Costa Rican firms. Ecological Economics, 2011, (11): 2127-2139.

[76] Jukka M, Olli S. In search of marginal environmental valuations–ecosystem services in Finnish

forest accounting. Ecological Economics, 2007, (1): 101-114.
[77] Brent S, Brown S. The influence of conversion of forest types on carbon sequestration and other ecosystem services in the South Central United States. Ecological Economics, 2006, (4): 698-708.
[78] Adams M A. Mega-fires, tipping points and ecosystem services: managing forests and woodlands in an uncertain future. Forest Ecology and Management, 2013, 294(3): 250-261.
[79] Lara A, Little C, Urrutia R, et al. Assessment of ecosystem services as an opportunity for the conservation and management of native forests in Chile. Forest Ecology and Management, 2009, (4): 415-424.
[80] Patterson T M, Coelho D L. Ecosystem services: foundations, opportunities, and challenges for the forest products sector. Forest Ecology and Management, 2009, (8): 1637-1646.
[81] Ooba M, Wang Q X, Murakami S H, et al. Biogeochemical model (BGC-ES) and its basin-level application for evaluating ecosystem services under forest management practices. Ecological Modelling, 2011, (16): 1979-1994.
[82] 王璐, 刘新平. 艾比湖流域土地利用变化及其生态响应分析. 新疆农业科学, 2011, (5): 896-902.
[83] Escobedo F J, Timm Kroeger T, Wagner J E. Urban forests and pollution mitigation: analyzing ecosystem services and disservices. Environmental Pollution, 2011, (8-9): 2078-2087.
[84] Paoletti E, Schaub M, Matyssek R, et al. Advances of air pollution science: from forest decline to multiple-stress effects on forest ecosystem services. Environmental Pollution, 2011, (6): 1986-1989.
[85] Plieninger T, Schleyer C H, Mantel M, et al. Is there a forest transition outside forests? Trajectories of farm trees and effects on ecosystem services in an agricultural landscape in Eastern Germany. Land Use Policy, 2012, (1): 233-243.
[86] 王仁忠. 放牧和刈割干扰对松嫩草原羊草草地影响的研究. 生态学报, 1998, (2): 100-103.
[87] Kennedy J J, Quigley T M. Evolution of USDA Forest Service organizational culture and adaptation issues in embracing an ecosystem management paradigm. Landscape and Urban Planning, 1998, (1): 113-122.
[88] Dobbs C, Escobedo F J, Zipperer W C. A framework for developing urban forest ecosystem services and goods indicators. Landscape and Urban Planning, 2011, (3): 196-206.
[89] 王寿兵, 陈雅敏, 张韦倩, 等. LCA 中土地利用生态影响评价方法初探. 复旦学报(自然科学版), 2012, (3): 382-387.
[90] Klemick H. Shifting cultivation, forest fallow, and externalities in ecosystem services: evidence from the Eastern Amazon. Journal of Environmental Economics and Management, 2011, (1): 95-106.
[91] Brockerhoff E G, Jactel H, Parrotta J A, et al. Role of eucalypt and other planted forests in biodiversity conservation and the provision of biodiversity-related ecosystem services. Forest Ecology and Management, 2013, (3): 43-50.
[92] Krishnaswamy J, Bonell M, Venkatesh B, et al. The groundwater recharge response and hydrologic services of tropical humid forest ecosystems to use and reforestation: support for the “infiltration-evapotranspiration trade-off hypothesis”. Journal of Hydrology, 2013, (2): 191-209.

[93] Lansing D M. Understanding linkages between ecosystem service payments, forest plantations, and export agriculture. Geoforum, 2013, (3): 103-112.

[94] Brown K A, Johnson S E, Parks K E, et al. Use of provisioning ecosystem services drives loss of functional traits across land use intensification gradients in tropical forests in Madagasca. Biological Conservation, 2013, (1): 118-127.

[95] Niu X, Wang B, Liu S H R, et al. Economical assessment of forest ecosystem services in China: characteristics and implications. Ecological Complexity, 2012, (2): 1-11.

[96] Vihervaara P, Kumpula T, Tanskanen A, et al. Ecosystem services–A tool for sustainable management of human-environment systems. Case study Finnish Forest Lapland. Ecological Complexity, 2011, (3): 410-420.

[97] Corbera E, Brown K. Building institutions to trade ecosystem services: marketing forest carbon in Mexico. World Development, 2008, (10): 1956-1979.

[98] 赵同谦, 欧阳志云, 郑华, 等. 中国森林生态系统服务功能及其价值评价. 自然资源学报, 2004, (4): 480-491.

[99] 赵同谦, 欧阳志云, 王效科, 等. 中国陆地地表水生态系统服务功能及其生态经济价值评价. 自然资源学报, 2003, (4): 443-452.

[100] 赵同谦, 欧阳志云, 贾良清, 等. 中国草地生态系统服务功能间接价值评价. 生态学报, 2004, (6): 1101-1110.

[101] 余新晓, 鲁绍伟, 靳芳, 等. 中国森林生态系统服务功能价值评估. 生态学报, 2006, (8): 2096-2102.

[102] 王兵, 任晓旭, 胡文. 中国森林生态系统服务功能的区域差异研究. 北京林业大学学报, 2011, (2): 43-47.

[103] 程红芳, 章文波, 陈锋. 植被覆盖度遥感估算方法研究进展. 国土资源遥感, 2008, (1): 13-18.

[104] 靳芳, 鲁绍伟, 余新晓, 等. 中国森林生态系统服务功能及其价值评价. 应用生态学报, 2006, (8): 1531-1536.

[105] 吴睿子, 甄霖, 杜秉贞, 等. 内蒙古生态保护工程对农牧民生产生活方式的影响. 资源科学, 2012, (6): 1049-1061.

[106] 张宏锋, 欧阳志云, 郑华, 等. 新疆玛纳斯河流域冰川生态系统服务功能价值评估. 生态学报, 2009, (11): 5877-5881.

[107] 张宏锋, 欧阳志云, 郑华. 生态系统服务功能的空间尺度特征. 生态学杂志, 2007, (9): 1432-1437.

[108] 闫慧敏, 刘纪远, 黄河清, 等. 城市化和退耕还林草对中国耕地生产力的影响. 地理学报, 2012, (5): 579-588.

[109] 王景升, 李文华, 任青山, 等. 西藏森林生态系统服务价值. 自然资源学报, 2007, (5): 831-841.

[110] 王兵, 任晓旭, 胡文, 等. 森林生态系统服务功能评估区域差异性. 东北林业大学学报, 2011, (11): 49-53.

[111] 周金星, 彭镇华, 李世东. 森林生态工程建设对水资源的影响. 世界林业研究, 2002, (6): 54-60.

[112] 范海兰, 洪伟, 吴承祯, 等. 福建省森林生态系统服务价值的变化. 福建农业大学学报,

2004, (3): 347-351.
[113] 关文彬, 王自力, 陈建成, 等. 贡嘎山地区森林生态系统服务功能价值评估. 北京林业大学学报, 2002, (4): 80-84.
[114] 孟祥江, 侯元兆. 森林生态系统服务价值核算理论与评估方法研究进展. 世界林业研究, 2011, (6): 8-12.
[115] 李士美, 谢高地, 张彩霞, 等. 森林生态系统服务流量过程研究——以江西省千烟洲人工林为例. 资源科学, 2011, (5): 831-837.
[116] 李少宁, 王兵, 赵广东, 等. 森林生态系统服务功能研究进展——理论与方法. 世界林业研究, 2004, (4): 14-18.
[117] 李长荣. 武陵源自然保护区森林生态系统服务功能及价值评估. 林业科学, 2004, (2): 16-20.
[118] 康文星. 森林生态系统服务功能价值评估方法研究综述. 中南林学院学报, 2006, (6): 128-131.
[119] 于小飞, 孙睿, 陈永俊, 等. 乌审旗植被覆盖度动态变化及其与降水量的关系. 资源科学, 2006, 28(4): 31-37.
[120] 白灵.重庆市水库工程规划报告专家咨询//重庆水利局信息网. http: //www.cqwater.gov.cn/Pages/Home.aspx[2016-4-10].
[121] 张云霞, 李晓兵, 陈云浩. 草地植被盖度的多尺度遥感与实地测量方法综述. 地球科学进展, 2003, 18(1): 85-93.
[122] 重庆市统计年鉴. http: //www.chinayearbook.com/tongji/item/1/160191.html[2016-6-20].
[123] 邓洪平, 陶建平, 钱凤, 等. 重庆市生物多样性保护策略与行动计划. 中国-欧盟生物多样性项目，2011: 3-13.
[124] 岩溶地区石漠化状况公报. http: //www.gov.cn/ztzl/fszs/content_650610.htm[2016-8-30].
[125] 中国地质环境信息网. http: //www.cigem.gov.cn/[2016-9-7].
[126] 邓洪平等. 重庆市生物多样性保护策略与行动计划. 中国-欧盟生物多样性项目，2011: 3-13.
[127] 段晓峰, 许学工. 区域森林生态系统服务功能评价——以山东省为例. 北京大学学报(自然科学版), 2006, (6): 751-756.
[128] 郑伟, 石洪华, 陈尚, 等. 从福利经济学的角度看生态系统服务功能. 生态经济, 2006, (6): 78-81.
[129] 郑伟, 石洪华. 海洋生态系统服务的形成及其对人类福利的贡献. 生态经济, 2009, (8): 178-180.
[130] 胡碧燕, 徐颂军, 叶剑芬. 广东古兜山自然保护区森林生态系统服务价值评估. 生态科学, 2007, (3): 237-241.
[131] 张佩霞, 侯长谋, 胡成志, 等. 广东省鹤山市森林生态系统服务功能价值评估. 热带地理, 2011, (6): 628-632.
[132] 张明军, 周立华. 气候变化对中国森林生态系统服务价值的影响. 干旱区资源与环境, 2004, (2): 40-43.
[133] 曾震军, 唐凤灶, 杨丹菁, 等. 流溪河林场森林生态系统服务功能价值评估. 生态科学, 2008, (4): 262-266.

[134] 吴钢, 肖寒, 赵景柱, 等. 长白山森林生态系统服务功能. 中国科学(C辑: 生命科学), 2001, (5): 471-480.

[135] 王顺利, 刘贤德, 王建宏, 等. 甘肃省森林生态系统服务功能及其价值评估. 干旱区资源与环境, 2012, (3): 139-145.

[136] 王兵, 鲁绍伟, 尤文忠, 等. 辽宁省森林生态系统服务价值评估. 应用生态学报, 2011, (7): 1792-1798.

[137] 王兵, 李少宁, 郭浩. 江西省森林生态系统服务功能及其价值评估研究. 江西科学, 2007, (5): 553-559.

[138] 潘勇军, 陈步峰, 王兵, 等. 广州市森林生态系统服务功能评估. 中南林业科技大学学报, 2013, (5): 73-78.

[139] 刘勇, 李晋昌, 杨永刚. 基于生物量因子的山西省森林生态系统服务功能评估. 生态学报, 2012, (9): 2699-2706.

[140] 李少宁, 王兵, 郭浩, 等. 大岗山森林生态系统服务功能及其价值评估. 中国水土保持科学, 2007, (6): 58-64.

[141] 黄平, 侯长谋, 张弛, 等. 广东省森林生态系统服务功能. 生态科学, 2002, (2): 160-163.

[142] 胡海胜. 庐山自然保护区森林生态系统服务价值评估. 资源科学, 2007, (5): 28-36.

编 后 记

《博士后文库》（以下简称《文库》）是汇集自然科学领域博士后研究人员优秀学术成果的系列丛书。《文库》致力于打造专属于博士后学术创新的旗舰品牌，营造博士后百花齐放的学术氛围，提升博士后优秀成果的学术和社会影响力。

《文库》出版资助工作开展以来，得到了全国博士后管委会办公室、中国博士后科学基金会、中国科学院、科学出版社等有关单位领导的大力支持，众多热心博士后事业的专家学者给予积极的建议，工作人员做了大量艰苦细致的工作。在此，我们一并表示感谢！

《博士后文库》编委会